高等学校计算机专业
面向项目实践规划教材

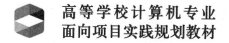

C++程序设计
基础案例教程

◎ 吴　艳　费如纯　主编

　高　艳　副主编

清华大学出版社

北京

内 容 简 介

　　本书全面介绍 C++ 面向对象程序设计语言，书中从软件开发过程入手，对软件采用面向对象方法进行开发做了简要介绍；着重讲解 C++ 面向对象语言的基础知识：数据类型、表达式、语句以及三种基本结构；介绍了面向对象的概念、构造函数和析构函数（包括特殊的构造函数）；接着介绍了面向对象的一些重要特征（抽象、继承、多态等）；最后介绍了标准输入输出流的问题，尤其是一些常用特殊格式输出以及异常处理等问题。全书提供了大量应用实例，每章后均附有习题。

　　本书适合作为高等院校计算机、软件工程、物联网工程专业本科生、研究生的教材，同时可供软件开发人员、广大科技工作者和研究人员参考。

图书在版编目（CIP）数据

C++ 程序设计基础案例教程/吴艳等主编. —北京：清华大学出版社，2019
（高等学校计算机专业面向项目实践规划教材）
ISBN 978-7-302-48383-0

Ⅰ．①C…　Ⅱ．①吴…　Ⅲ．①C++语言－程序设计－高等学校－教材　Ⅳ．①TP312.8

中国版本图书馆 CIP 数据核字（2017）第 216772 号

责任编辑：贾　斌　薛　阳
封面设计：刘　键
责任校对：胡伟民
责任印制：宋　林

出版发行：清华大学出版社
　　　　网　　　址：http://www.tup.com.cn，http://www.wqbook.com
　　　　地　　　址：北京清华大学学研大厦 A 座　　　　　邮　　编：100084
　　　　社　总　机：010-62770175　　　　　　　　　　　邮　　购：010-62786544
　　　　投稿与读者服务：010-62776969，c-service@tup.tsinghua.edu.cn
　　　　质量反馈：010-62772015，zhiliang@tup.tsinghua.edu.cn
　　　　课件下载：http://www.tup.com.cn，010-62795954
印　装　者：三河市铭诚印务有限公司
经　　　销：全国新华书店
开　　　本：185mm×260mm　　印　张：15　　　　　　字　　数：365 千字
版　　　次：2019 年 9 月第 1 版　　　　　　　　　　印　　次：2019 年 9 月第 1 次印刷
印　　　数：1～1500
定　　　价：39.80 元

产品编号：071600-01

前言
FOREWORD

面向对象程序设计(Object Oriented Programming,OOP)借助20世纪50年代的人工智能语言LISP引入,发展至今逐步成为计算机程序设计的主流,由于其设计思想符合人们解决问题的思维方式,因此逐步被越来越多的软件设计人员所接受。C++语言是在C语言的基础上发展起来的,是一门高效实用的程序设计语言,它既可以进行过程化程序设计,又可以进行面向对象程序设计。

C++不仅集成了C语言灵活高效、功能强大、可移植性好等特点,而且引入了面向对象程序设计的思想和机制,可以在很大程度上提高编程能力,减少软件维护的开销,增强软件的可扩展性和可重用性。

本书从编程的基本知识入手,以短小精悍的例题作为课内案例,针对每个章节的知识点进行详解及扩充,对有无编程基础的读者都是适用的。此外,全书以某公司人员管理系统作为实际案例,贯穿全书,通过理论知识的实际应用,更形象地诠释了知识的应用,提高读者对知识点的掌握程序,同时培养读者对实际问题的分析能力、解决能力,进一步提高读者的实践能力。

全书共10章,其各章节的内容如下:

第1章介绍程序设计的基本概念以及程序设计的基本过程,利用公司人员管理系统来阐述系统分析的理论知识。

第2章介绍C++程序基础知识,主要包括一个C++程序的开发过程,C++中预定义数据类型以及对应的表达式,系统输入输出函数的使用。

第3章介绍程序设计的三种基本结构。

第4章介绍函数的定义、声明、调用以及一些特殊函数。

第5章介绍类和对象,主要介绍面向对象的特点,类和对象的概念以及定义,最后介绍构造函数和析构函数。

第6章介绍数据的共享与保护,主要介绍标识符的作用域和定义存储类型问题,同时也介绍了类的友元。

第7章介绍继承与派生,主要讲解单继承和多重继承,以及因为派生而产生的构造函数和析构函数问题。

第8章介绍多态性和运算符的重载,主要介绍多态的实现要求和特殊的运算符重载。

第9章介绍流类库和输入输出,主要介绍C++的基本输入输出流以及对应的格式控制符。

第10章介绍异常处理,主要介绍一些简单异常对应的解决办法。

本书的每一章后均配有对本章知识点的总结——小结,对知识掌握程度的验证——习题,这些有助于提高读者的实际操作能力及运用能力。

　　本书由吴艳、费如纯担任主编,高艳担任副主编,其中第 1 章由高艳编写,第 2～8 章由吴艳编写,第 9 章和第 10 章由费如纯编写,吴艳、费如纯负责全书的统稿,由高艳完成习题的整理。由于编者水平有限,错误和疏漏之处在所难免,恳请广大读者批评指正。

编　者

2017 年 6 月

目录

CONTENTS

第1章

绪　　论

本章学习目标

- 了解程序设计语言的发展历史与程序设计语言的特点；
- 理解并掌握面向对象程序设计方法中涉及的基本概念与设计理念；
- 理解并掌握利用面向对象方法进行程序设计的基本过程。

本章主要向读者介绍程序设计语言的发展历史，低级语言、高级语言的特点及实际应用；同时简要介绍面向对象程序设计所涉及的一些基本概念，使读者对面向对象程序设计有个概要性的理解；最后详细介绍面向对象程序设计的基本步骤，为后续学习奠定基础。

1.1　程序设计语言简介

在人类社会生活中，"自然语言"是人所熟知的用来进行交流的工具。虽然国度不同使用的语言不同，但是所有的语言都是由语音、词汇和语法等构成的。在计算机的世界里，"程序设计语言"是人与计算机进行交流的工具，所谓的程序设计语言是计算机可以识别的语言，人类利用它来指挥计算机进行工作——用于解决生活中的问题。

计算机之所以能够实现很多的功能，其主要是依靠程序来实现的，而程序是为实现特定目标或解决特定问题用程序设计语言所编写的命令行序列的集合，程序规定了计算机执行的动作以及执行的顺序。程序设计语言按照是否能够被计算机所直接识别分为低级语言和高级语言，下面分别介绍这两类语言。

1.1.1　低级语言

在计算机诞生初期，程序员使用机器语言编写程序以达到控制计算机执行的目的。机器语言是由计算机硬件系统能够直接识别的二进制指令所组成的，我们将机器语言称为低级语言(Low-level Language)。由于计算机可以直接识别机器语言，因此对计算机来说，机器语言是较好的选择，但是对于人类来讲，机器语言却有很多的缺点：比如记忆比较烦琐，理解比较困难，而且开发效率低。于是针对这些缺点，人类研发出汇编语言。汇编语言是将机器指令映射为一些可以被人读懂的助记符，如用 ADD 表示加运算、用 SUB 表示减运算等。用汇编语言编写的程序计算机是不能直接识别的，所以需要经过"翻译"后才能转换成计算机硬件系统可以识别的机器指令,这种翻译工具称为编译器。虽然汇编语言采用了助记符的形式来完成程序的编写,在很大程度上提高了记忆、辅助了理解,但是它仍然属于低级语言,程序员在利用汇编语言编写程序时还是需要考虑大量的人机交互细节。

1.1.2 高级语言

高级语言(High-level Language)的出现使计算机编程语言开启了新篇章,它使得计算机程序设计语言不再需要过度依赖于某种特定的计算机硬件或计算机环境配置,这是因为高级语言在不同的平台上会被编译成不同的计算机语言,而不是直接被计算机执行。高级语言忽略了计算机的硬件差别,屏蔽了机器底层的细节,提高了语言的抽象层次,更接近于人类的语言,其优点凸显在易学、易用、易维护等几个方面。用高级语言编写的程序称为"源程序",与汇编语言编写的程序一样,计算机不能直接识别源程序,必须将源程序编译成二进制的机器指令才能在计算机上运行。

常见的高级语言有 C、C++、C♯、Visual FoxPro 以及 Java 等,不同的语言适用于不同的场合。

1.1.3 面向对象的语言

面向对象语言(Object oriented Language)借鉴 20 世纪 50 年代的人工智能语言 LISP,引入了动态绑定的概念和交互式开发环境的思想;始于 20 世纪 60 年代的离散事件模拟语言 Simula67,引入了类的要领和继承,成形于 20 世纪 70 年代的 Smalltalk。它是以对象作为基本程序结构单元的高级程序设计语言,用于描述的设计是以对象为核心,而对象是程序运行时的基本单位。面向对象语言中包含了类、继承、对象、封装等概念。面向对象语言的发展主要有两个方向:一个方向是纯面向对象语言,例如常见的 Smalltalk、EIFFEL 等;另一个方向是混合型面向对象语言,即在过程式语言及其他语言中加入类、继承、封装等知识,常见的有 C++、Objective-C 等。

利用面向对象语言对客观系统进行描述时较为自然、贴近人的思维,更便于软件的扩充与复用,其主要特点可归纳如下 4 个:

(1)识认性,系统中的基本构件可识认为一组可识别的离散对象。

(2)类别性,系统中具有相同数据结构与行为的所有对象可组成一类。

(3)多态性,对象具有唯一的静态类型和多个可能的动态类型。

(4)继承性,在基本层次关系的不同类中共享数据和操作。

1.2 面向对象程序设计基础简介

面向对象程序设计中涉及一些相关的专业术语,读者需要对这些术语有一个初步认识才能更好地利用面向对象语言进行程序设计,下面简要介绍一些常用的术语。

1.2.1 面向对象方法的由来

所谓面向对象,就是以对象的观点来分析现实世界中的问题。从普通人认识世界的观点出发,把事物进行分析、归类、综合,提取其共性并加以描述。在面向对象的系统中,世界被看成是独立对象的一个集合,对象之间通过"消息"相互通信。对象是由描述该对象的数据(又称为属性)和基于这些数据的行为(又称为方法)所组成的。

面向对象实际上是一种软件系统的分析、设计和实现方法。它是围绕真实世界的概念来组织模型的一种全新思维方法,其基本思想是:对问题空间进行自然分割,以更接近人类的思维方式建立问题域模型,以便对客观实体进行结构模拟和行为模拟,使设计出的软件尽可能直接地描述现实世界,构造出模块化的、可扩充的、维护性好的软件,并能够很好地控制软件的复杂性和降低软件的开发、维护费用。在面向对象方法中,对象是核心概念,所有面向对象的技术都是建立在这个概念的基础之上的。

1.2.2 面向对象的基本概念

1. 对象

对象是一种可以看得到、摸得到或者感知得到的客观实体,如键盘、汽车、空气、人、比赛规则等。这里所描述的对象虽然是现实世界的实体,但却可以把它应用到计算机领域,作为我们解决问题的出发点。利用计算机解决实际问题时,人们可以将现实世界中的对象与计算机软件操作中的抽象对象一一对应,利用现实世界中的实体用语来描述问题、分析问题。

2. 对象的模型化

(1) 属性

属性(也称为静态特征)是用来描述对象内在的、本质的特征。简单地说,属性就是用来描述对象自身状态、性质的数据名称的集合,主要用来区别一事物与另一事物的不同,一般通过变量来定义。例如学生有学号、姓名、性别、家庭住址等数据名称;钢笔有长度、颜色、品牌以及用途等数据名称;汽车有颜色、品牌、排气量以及油耗等数据名称;比赛规则有制定方、制定时效以及针对对象等数据名称。

(2) 方法

方法(也称为动态特征)是指对象在"外力"作用下产生的可以改变其部分或者全部属性值的动作行为的综合描述,一般通过函数来实现。例如学生的考试;钢笔的书写;汽车的刹车;比赛规则的修订等。

(3) 封装

当一个对象含有完整的属性和与之相对应的方法时,称之为封装。封装是面向对象方法的一个重要原则,它把属性和方法结合在一个对象里,对象的属性(内部信息)对外界隐藏,只能通过对象提供的方法(接口)进行访问。对于外界来说,只能知晓对象的外部行为而无法了解对象的内部实现细节,这样可以保证对象属性数据的安全性。

封装有以下两层含义:

- 结合性。把对象的全部属性和方法结合起来,形成一个独立的不可分割的单位。
- 信息隐藏性。尽可能隐蔽对象的内部细节,对外形成一个边界,只保留有限的对外接口与外界发生联系。

封装的基本单位是对象,如钢笔、学生、轿车等。封装的目的在于将对象的使用者和对象的设计者分开,使用者不必知道行为(方法)实际的实现细节,只需调用设计者提供的接口来访问该对象。把定义模块和实现模块分开,可以大幅提高软件的可维护性、可修改性。

1.3　面向对象软件开发简介

面向对象的软件开发不仅仅限于编码(面向对象编程),还包括系统前期的分析(面向对象分析)与设计(面向对象设计)。分析与设计实际上就是对所要研究的现实世界进行建模的过程。

面向对象的分析、设计和编程有怎样的关系呢?面向对象分析的结果是生成一个模型,基于这个模型可以进行面向对象的设计,而面向对象设计的结果就是利用面向对象编程的方法实现整个软件系统的蓝图。三者之间是相辅相成、承前启后的关系。

1.3.1　软件分析

所谓"需求分析",是指对要解决的问题进行详细的分析,弄清楚问题的需求,主要包括需要输入的数据,要得到的结果,最后能够输出的数据。简单地说,软件工程中的"需求分析"实质上就是确定计算机要"做什么",最终需要达到什么样的效果。也就是说,需求分析是系统开发之前必须要做的一项工作。

在软件工程中,需求分析指的是在建立一个新的或改变一个现有的软件系统时,描写新系统的目的、范围、定义和功能时所要做的所有的工作。需求分析是软件工程中的一个关键过程。在这个过程中,系统分析员和软件工程师需要明确客户的需求。只有在明确了客户的这些需求后,他们才能够分析和寻求新系统的解决方法。需求分析阶段的任务是确定软件系统功能。

在软件工程的发展过程中,很长一段时间里人们一直认为需求分析阶段是整个软件开发过程中最为简单的一个阶段。但近些年来,越来越多的人意识到,实际上需求分析是整个软件开发过程中最为关键的一个阶段。假如在需求分析时系统分析员和软件工程师未能正确地理解、认识到客户的需要,那么最后的软件在实现上也不可能达到客户的需求,或者导致软件项目无法在规定的时间内完工。

需求分析的主要任务是通过详细调查现实世界要处理的对象,充分了解原系统工作的概况,明确客户的各种需求,然后在此基础上确定新系统的功能。通常对软件系统的需求分析有以下几个方面的综合要求:

- 功能需求;
- 性能需求;
- 可靠性和可用性需求;
- 出错处理需求;
- 接口需求;
- 约束;
- 逆向需求;
- 将来可能提出的要求。

需求分析的基本步骤包括以下几项:

1. 调查组织机构情况

主要是概况了解,包括了解该组织的部门组成情况,各部门的职能等信息,为分析信息流程提供必要的依据。

2. 调查各部门的业务活动情况

软件针对性环境的了解,包括了解各个部门输入和使用什么数据,如何加工、处理这些数据,输出什么信息,输出到什么部门,输出结果的格式是什么等问题。

3. 协助用户明确对新系统的各种要求

可以通过座谈、问卷以及电邮沟通等方式与客户进行良好沟通,主要包括客户的信息要求、处理要求、完全性与完整性要求等内容。

4. 确定新系统的边界

明确新系统应该实现的必要功能,主要是确定哪些功能由计算机完成或将来准备让计算机完成,以及哪些活动由人工完成。

5. 分析系统功能

6. 分析系统数据

7. 编写分析报告

1.3.2 软件设计

软件设计是以软件需求规格说明书为依据,根据需求分析阶段确定的软件功能进行设计软件系统的整体结构、划分功能模块、确定每个模块的实现算法以及编写具体的代码,形成软件的具体设计方案。

软件设计是把许多事物和问题抽象起来,将问题或事物进行分解并模块化使得所要解决的问题变得简单、容易,分解的越细模块数量相应的也就越多,虽然将问题进行模块化可以简化问题的解决方法,但是由于模块数过多,就会对应地产生一些副作用——使得设计者在软件的合成过程中需要更多地考虑模块之间耦合度的情况。因此,在软件设计过程中需要综合考虑实际情况,进行适量的模块划分。

模块化(Modularity)指的是软件可被分割为分别命名并可寻址的组件(也叫做模块),将模块综合起来又可以满足问题的需求的性质。软件的模块化是允许智能化管理程序的唯一属性。

软件设计中包括几个主要的设计要素:结构设计、数据设计、接口设计和过程设计。其中结构设计是指定义软件系统各主要部件之间的关系;数据设计是指将模型转换成数据结构的定义;接口设计是指软件内部,软件和操作系统间以及软件和人之间如何通信;过程设计是指系统结构部件转换成软件的过程描述。

同时在软件设计过程中要遵守如下的设计原则:

(1) 设计对于分析模型应该是可跟踪的:软件的模块可能被映射到多个需求上。

(2) 设计结构应该尽可能地模拟实际问题。

(3) 设计应该表现出一致性。

(4) 不要把设计当成编写代码。

(5) 在创建设计时就应该能够评估质量。

(6) 评审设计以减少语义性的错误。

软件的设计是一个将需求转变为软件陈述(表达)的过程。系统通过采用逐步求精的方法使得软件设计陈述逐渐接近源代码。这里有两个基本步骤:第一步是概要设计(Preliminary Design),该阶段主要完成如何将需求分析结果转换成数据和软件框架;第二步是详细设计(Detail Design),该阶段主要完成如何将框架逐步求精细化为具体的数据结构和软件的算法表达。求精(Refinement)又叫做逐步求精,指的是通过程序细节连续细化来开发程序体系的策略。分步骤地对程序抽象进行分解直至成为编程语言的过程同时造就了程序的层次结构。

软件设计方法每天都在进化,作为已经经过测试和细化的方法,良好的设计应具有以下的4种特性,并在这些特性之间保持一致。

(1)将信息领域的表达转换为软件设计的表达机制。

(2)表示功能组件及其界面的符号。

(3)逐步求精和分割的试探。

(4)质量评估的指导方针。

设计过程中用以促成模块化设计的4个区域:模块、数据、体系和程序设计。模块设计(Modular Design)降低了程序的复杂性、便于修改且使得支持系统不同部分的并行开发实现起来更容易。模块类型提供的操作特性通过结合时间历史、激活机制以及控制模式来表现。在程序结构内部,模块可以被分类为:

(1)顺序(Sequential)模块,由应用程序引用和执行,但不能从表观上中断。

(2)增量(Incremental)模块,可被应用程序先行中断,而后再从中断点重新开始。

(3)并行(Parallel)模块,在多处理器环境下可以与其他模块同时执行。

单独的模块更容易开发,因为功能可以被划分出来,而界面只是用来确保功能的独立。功能的独立性可以使用两个定性的标准来衡量:内聚性和耦合度。

数据设计是最重要的设计行为。数据结构的影响和程序上的复杂性导致数据设计对软件质量有着深远的影响。这种质量由以下的原理来实施:

(1)适用于功能和行为分析的系统分析原理同样应该适用于数据。

(2)所有的数据结构,以及各自所完成的操作都应该被确定。

(3)创建数据词典并用来详细说明数据和程序的设计。

(4)底层的数据设计决定应该延迟至设计过程的后期。

(5)数据结构的陈述(具体说明)应该只被那些直接使用包含在此结构内的数据的模块所知道。

(6)有用的数据结构和操作库可以在适当的时候使用。

(7)软件设计和编程语言应该支持抽象数据类型的规范和实现。

体系设计的主要目标是开发模块化的程序结构并表达出模块间的控制相关性。另外,体系设计融合了程序结构与数据结构,以及使得数据得以在程序中流动的界面定义。这种方法鼓励设计者关注系统的整体设计而不是系统中单独的组件。选用不同的方法会采用不同的途径来接近体系的原点,但所有这些方法都应该认识到具有软件全局观念的重要性。

程序设计在数据、程序结构以及陈述详细算法的说明都已使用类似英语的自然语言来呈现后,再确定程序设计。使用自然语言来陈述的原因是当开发小组的绝大多数成员使用自然语言来交流的话,那么小组外的一个新手在不经学习的情况下会更容易理解这些说明。这里有个问题:程序设计必须毫无歧义地来详细说明程序,但我们都知道不含糊的自然语言也就不自然了。

软件设计的重要性表现在软件的质量上。软件设计描述了软件是如何被分解和集成为组件的,同时也描述了组件之间的接口以及组件之间是如何发挥软件构建功能的。如何设计才能保证质量? 通常需要遵守以下软件设计的一般原则:

- 要有分层的组织结构,便于对软件各个构件进行控制;
- 应形成具有独立功能特征的模块(模块化);
- 应有性质不同、可区分的数据和过程描述(表达式);
- 应使模块之间及与外部环境之间接口的复杂性尽量地减小;
- 应利用软件需求分析中得到的信息和可重复的方法。

1.3.3 软件编程

为了使计算机能够理解人的意图,人类就必须要将需解决的问题的思路、方法和手段通过计算机能够理解的形式告诉计算机,使得计算机能够根据人的指令一步一步去工作,完成某种特定的任务。这种人和计算机之间交流的过程就是编程。软件编程就是让计算机为解决某个问题而使用某种程序设计语言编写程序代码,并最终得到相应结果的过程。使用的程序设计语言不同,编写的程序就不同。

软件编程实际上是对软件详细设计结果的一个翻译。软件编码首先要注意编码工具的选择,其中编码工具的选择主要考虑以下内容:工程特性、技术特性、运行环境、算法和数据结构的复杂性以及开发人员的知识水平和能力。此外,还可以针对项目的应用领域来考虑选择编码工具。例如用面向对象思想开发系统,则需要用面向对象的开发工具 C++、Java等,如果想开发网站则需要使用 JSP、JavaWeb 等。

程序的质量受软件设计结果所影响,好的编码是需要遵守一定的原则的,具体原则如下所述。

1. 基本原则

(1) 严格遵循软件开发流程,在详细设计的指导下进行代码编写。

(2) 编写代码以实现软件系统功能和性能为目标,要求正确完成设计要求的功能,达到性能需求。

(3) 具有良好的程序结构,提高程序的封装性,实现程序模块内部高内聚,程序模块间低耦合。

(4) 确保程序可读性强,易于理解,方便调试和测试。

(5) 易于使用和维护,尽可能实现高可重用性。

(6) 程序执行占用资源少,以低代价完成任务。

(7) 在保证程序可读性的情况下,提高代码的执行效率。

2. 编码风格

(1) 所有变量名的定义要直观,意义鲜明,类型符合数据实际处理的要求和特点。

(2) 采用缩进的格式,体现层次和逻辑对应关系,代码整体效果更明确。

(3) 适当使用空格,如运算符左右两边均加一个空格,格式更清晰。

（4）重视注释的使用。注释可以更多地诠释代码的关键技术点，使用户更容易理解代码的意义。

（5）控制代码的长度。代码编写的常规：对于每一个函数，其语句数量尽可能地控制在50行左右，超过100行的代码要考虑将其拆分为两个或多个以上的函数，但不能破坏原有算法，并保证函数功能的独立与完整性，同时满足高复用。

3. 输入和输出

编码过程中，对于输入和输出，主要是要求考虑到输入、输出方式和格式尽可能满足用户的习惯，且应该根据不同用户的类型、特点和不同的要求来制定方案。格式力求简单，并应有完备的出错检查和出错恢复措施。编码中如实现界面布局，则主要考虑各区域在屏幕的放置情况，使用户能够快速、便利地找到操作的对象，屏幕的布局还要考虑界面的表现形式，使界面美观一致、科学合理。

1.3.4　软件测试

软件在正式交付使用之前，必须进行严格的检测——软件测试。软件测试就是使用人工或者自动手段来运行或测试某个系统的过程，其目的在于检验它是否满足规定的需求或弄清预期结果与实际结果之间的差别，发现至今为止没有发现的错误。测试的目的就是保证软件产品的质量、提高产品的可靠性，最主要的一点是测试不是为了证明软件正确而是为了证明软件有错误。

软件测试一般是由第三方来完成的，也就是由专门的软件测试工程师来完成软件的测试。软件测试工程师要求对软件产品的功能有一个明确的理解和了解，并且撰写软件测试相应的测试规范以及测试用例对其进行测试，检查出软件中的错误。简而言之，软件测试工程师是"质量管理"角色，及时纠错，确保产品的正常运作。

软件测试的主要目的包括以下几点：

（1）测试是为了发现程序中的错误而执行程序的过程。

（2）好的测试方案是极可能发现迄今为止尚未发现的错误的测试方案。

（3）成功的测试是发现了至今为止尚未发现的错误的测试。

软件测试的原则包括：

（1）测试应该尽早进行，最好在需求阶段就开始介入，因为最严重的错误不外乎是系统不能满足用户的需求。因此，要求软件测试贯穿于软件的需求分析、系统设计和实现等各个阶段，对各个阶段的成果实施技术评审，以便更早地发现错误，确保软件的质量。

（2）程序员应该避免检查自己的程序，软件测试应该由第三方来负责。程序员对自己开发的程序更多的是希望软件能够完全满足客户需求，没有任何错误，只有第三方才能更客观、有效地进行测试。

（3）设计测试用例时应考虑到合法的输入和不合法的输入以及各种边界条件，特殊情况下不要制造极端状态和意外状态。合法输入能检查系统功能正确与否，不合法的输入同样能够证明系统功能是否正确，因此，不能忽略不合法的输入是否能够通过系统输出不合法的结果。

（4）应该充分注意测试中的群集现象。"错误群集"现象是指发现错误越多的地方隐藏的问题或缺陷就越多。因此，软件测试在发现错误并修改错误以后，在该错误点仍然需要重新进行测试。

（5）对测试出的错误结果需要进行确认过程。一般由 A 测试出来的错误，一定要由 B 来确认。严重的错误可以召开评审会议进行讨论和分析，对测试结果要进行严格的确认，是否真的存在这个问题以及严重程度等。

（6）制订严格的测试计划。一定要制订测试计划，并且要有指导性。测试时间安排尽量宽松，不要希望在极短的时间内完成一个高水平的测试。

（7）妥善保存测试计划、测试用例、出错统计和最终分析报告，为维护提供方便。

软件测试的目标主要包括：

（1）发现一些可以通过测试避免的开发风险。

（2）实施测试来降低所发现的风险。

（3）确定测试何时可以结束。

（4）在开发项目的过程中将测试看作是一个标准项目。

（5）测试的目的在于检验它是否满足规定的需求或弄清预期结果与实际结果之间的差别。

1.3.5　软件维护

在软件交付使用之后，为了修正错误、提升性能或其他属性而需要进行必要的软件修改，这一过程称为软件维护，也是软件生存周期的最后一个阶段。软件维护主要是指根据需求变化或硬件环境的变化对应用程序进行部分或全部的修改，修改时应充分利用源程序。修改后要填写《程序修改登记表》，并在《程序变更通知书》上写明新旧程序的不同之处。

软件维护活动类型总括起来大概有 4 种：纠错性维护（改正性维护）、适应性维护、完善性维护或增强以及预防性维护或再工程。除此 4 类维护活动外，还有一些其他类型的维护活动，如支援性维护（如用户的培训等）。

改正性维护是指改正在系统开发阶段已发生而系统测试阶段尚未发现的错误。这方面的维护工作量要占整个维护工作量的 17%～21%。所发现的错误有的不太重要，不影响系统的正常运行，其维护工作可随时进行。而有的错误非常重要，甚至影响整个系统的正常运行，其维护工作必须制订计划，进行修改，并且要进行复查和控制。

适应性维护是指使用软件适应信息技术变化和管理需求变化而进行的修改。这方面的维护工作量占整个维护工作量的 18%～25%。由于计算机硬件价格的不断下降，各类系统软件层出不穷，人们常常为改善系统硬件环境和运行环境而产生系统更新换代的需求；企业的外部市场环境和管理需求的不断变化也使得各级管理人员不断提出新的信息需求。这些因素都将导致适应性维护工作的产生。进行这方面的维护工作也要像系统开发一样，有计划、有步骤地进行。

完善性维护是为扩充功能和改善性能而进行的修改，主要是指对已有的软件系统增加一些在系统分析和设计阶段中没有规定的功能与性能特征。这些功能对完善系统功能是非常必要的。另外，还包括对处理效率和编写程序的改进，这方面的维护占整个维护工作的50%～60%，比率较大，也是关系到系统开发质量的重要方面。这方面的维护除了要有计划、有步骤地完成外，还要注意将相关的文档资料加入到前面相应的文档中去。

预防性维护为了改进应用软件的可靠性和可维护性，为了适应未来的软硬件环境的变化,应主动增加预防性的新的功能,以使应用系统适应各类变化而不被淘汰。例如将专用报表功能改成通用报表生成功能,以适应将来报表格式的变化。这方面的维护工作量占整个维护工作量的4%左右。

在软件维护过程中会产生一些费用,增加软件的成本,而且近些年来软件维护的费用占软件开发总费用的比例越来越高,因为在软件维护过程中,一定要尽可能地做到合理、科学。

1.4　综合案例——公司人员管理系统 1

本教材以公司人员管理系统为实际应用案例,并且贯通全书,具体实现过程在每章中均应用到相应的知识点。

1.4.1　系统描述和要求

利用 C++ 面向对象的编程编写一个小型的公司人员管理系统,系统主要涉及 4 类人员:公司经理、销售经理、技术人员和销售人员。需要存储这些人员的相关信息,包括姓名、编号、级别以及月薪(月薪需要计算)并显示全部信息。

1.4.2　系统分析和设计

系统要求能够实现人员信息的查询、增加、删除以及数据保存等基本功能。查询要求能够具有多种查询功能,例如按姓名查询、按编号查询等。员工的月薪因为人员不同计算方法也不同,其计算方法为:公司经理月薪固定,销售经理月薪为固定部分与销售提成的和,技术人员月薪按小时计算,销售人员月薪为销售提成。

在类的设计方面,系统主要涉及两大类:公司类和人员类。

公司类 Company:利用链表结构保存、处理人员信息(增、删、改、查等)。

人员类 Person:将公司人员的基本公共信息抽象出来(姓名、编号、分类、月薪以及计算月薪和显示信息)作为基类。

因为公司中的 4 类人还有细微差别,因此通过人员类作为基类,创建 4 个派生类 Manager、SalesManager、Sales 和 Technician。

在系统分析的过程中,需要读者自行完成相应的需求分析报告和可行性分析报告。

1.5　小结

本章重点介绍软件开发的相关概念以及结构化程序设计方法和面向对象程序设计方法的梗概,讨论了利用面向对象方法进行程序开发的步骤:需求分析、概要设计、详细设计以及系统维护等,每一个阶段都需要必备的文档材料以及注意事项。尤其在软件的需求分析阶段,程序的开发很多错误出现在系统开始阶段,所以必须在需求分析阶段做到尽可能的沟通与完善。

习题 1

1. 简单介绍面向对象的概念。
2. 简述面向对象程序设计的基本特征。
3. 简述软件开发过程中需求分析的步骤。
4. 简单阐述软件维护的 4 种分类。

第2章

C++简单程序设计

本章学习目标

- 了解 C++语言的发展及其特点;
- 理解并掌握利用 C++语言开发程序的过程;
- 理解并掌握 C++程序设计的基础;
- 掌握 C++语言中的基本数据类型以及表达式的应用;
- 掌握 C++语言中的输入与输出。

本章主要向读者介绍 C++语言的发展历史以及该语言的特点,同时介绍 C++语言中所涉及的基本数据类型以及对应的表达式,最后介绍 C++语言中的输入输出语言以及在应用中的格式设定。通过常见的生活中的小案例阐明知识要点。

2.1 C++语言概述

2.1.1 C++的产生

C++程序设计语言是由 C 语言发展而来的。C 语言最早是由贝尔实验室的 Dennis Ritchie 在 B 语言的基础上开发出来的,并且于 1972 年在一台 DEC PDP-11 计算机上首次实现。C 语言产生以后,最早是应用在 UNIX 操作系统上,由于 C 语言的自身优势迅速被人们所接受并得到了广泛的应用。到了 20 世纪 80 年代 C 语言已经风靡全球,成为一种应用最为广泛的程序设计语言,在高校中作为程序设计的一门基础语言进行授课直至今日。但 C 语言在盛行的同时,也日渐显现出了自己的局限性,突出表现在以下几个方面:

(1) C 语言的数据类型检查机制相对较弱,这使得程序中的一些错误在编译阶段难以发现,为程序后来的运行埋下很大的隐患。

(2) C 语言本身几乎没有支持代码重用的机制,这使得各个程序的代码很难为其他程序所用,势必造成人力的浪费。

(3) C 语言不适合开发大型的应用程序,这是因为当程序达到一定规模时,程序员是很难控制该程序的复杂性的。

为了规避 C 语言的以上这些不足之处,1980 年贝尔实验室的 Bjarne Stroustrup 博士开始对 C 语言进行改进,一开始 C++是作为 C 语言的增强版出现的,从给 C 语言增加类开始入手,不断增加新的特性。虚函数、运算符重载、多重继承、模板、异常、名字空间等逐渐被加入标准,1983 年正式命名新的 C 语言为 C++语言。1998 年国际标准组织(ISO)颁布了 C++程序设计语言的国际标准 ISO/IEC 14882—1998。C++是具有国际标准的编程语言,通常称作 ANSI/ISO C++。1998 年是 C++标准委员会成立的第一年,以后每 5 年视实际需要更新一次标准。C++继承了 C 语言的原有精髓,增加了对开发大型软件非常有效的面向对象机制,并且弥补了 C 语言不支持代码重用的不足,成为一种既可表现过程模型,又可表现对象模型的优秀的程序设计语言之一。

2.1.2 C++的特点

目前 C++仍在不断地发展当中,C++继承了 C 语言的所有特点,包括语言简洁、紧凑;使用方便、灵活;拥有丰富的运算符;生成的目标代码质量高,程序执行效率高;可移植性好等。C++对 C 语言进行了一定的改进,后面的章节将陆续进行详细的介绍。C++支持面向过程和面向对象的方法,因此,在 C++环境下既可以进行面向对象程序设计,也可以进行面向过程的程序设计。

C++具体的特点表现如下:

(1) 兼容 C 语言。这主要表现在大部分 C 程序不需要修改即可在 C++的编译环境下直接运行,用 C 语言编写的许多库函数和应用软件都可用于 C++环境中。

(2) 用 C++编写的程序可读性更好,代码结构更合理,可直接地在程序中映射问题空间的结构。

(3) 生成的代码质量高,运行效率仅比汇编语言代码段慢 10%~20%。

(4) 从开发时间、费用到形成的软件的可重用性、可扩充性、可维护性和可靠性等方面有了很大的提高,使得大中型的程序开发项目变得更容易一些。

(5) C++是面向对象的程序设计语言,可方便地构造出模拟现实问题的实体和操作。

2.1.3 C++程序开发过程

C++程序开发通常要经过 5 个阶段:编辑、编译预处理、编译、连接、运行与调试。

1. 编辑

编辑阶段的任务是编辑源程序,源程序就是使用 C++语言规范书写的程序。C++源程序文件通常带有 cpp 扩展名(cpp 是标准的 C++源程序文件扩展名)。一个 C++程序可以有多个源程序文件。对 C++源程序的编辑可以使用多种编辑器,如文本编辑器或 C++集成开发环境。本教材使用 VC++6.0 集成开发环境编写 C++文件。

2. 编译预处理

在编译器开始翻译源程序之前,预处理器会自动执行源程序中的预处理语句(命令)。这些预处理语句是规定在编译之前执行的语句,其处理包括:将其他源程序文件包括到要编译的文件中,执行各种文字的替换等。预处理命令很多,常用的有 include、define、undef 等。

注意:预处理命令行不属于 C++语句。

3. 编译

由 C++编写的源程序无法被计算机直接识别和执行,必须先转换成二进制形式的文件。由源程序转换成二进制代码的过程称为编译,这个过程由编译器来完成。编译过程分为词法分析、语法分析、代码生成这三个步骤。在进行词法和语法分析过程中如果发现错误,编译结束后会提示出错信息,必须修改源程序,纠正错误后才能继续下面的工作。当编译结束时没有出现任何错误,就会生成目标程序(或目标代码)。目标程序可以是机器指令代码,也可用汇编语言或其他中间语言表示。目标程序文件的扩展名为 obj。

4. 连接

虽然目标程序是由可执行的机器指令组成的,但是并不能由计算机直接执行。因为 C++程序的文件中通常包含了对系统定义函数和数据的引用,也可能包含了对本程序其他文件中自定义的函数和数据的引用。一个源程序文件编译生成目标代码时,这些地方通常是"空缺"的,连接器的功能就是将多个源程序文件生成的目标文件代码和系统库文件的代码连接起来,将"空缺"补上,生成可执行代码,并存储可执行代码,即 Windows 系统下的可执行文件,其扩展名为 exe。

现在一些 C++系统产品,如 Microsoft Visual C++将程序的编辑、编译和连接集成在一个集成环境中,编译与连接可以一起进行,但编译与连接是两个不同的阶段,当连接出错时,C++系统会显示连接错误。程序连接通过后,生成可执行文件。运行时,可执行文件由操作系统装入内存,然后 CPU 从内存中取出程序执行。

5. 调试

在程序开发过程中的各个阶段都有可能出现错误,在编译阶段出现的错误称为编译错误;再连接阶段出现的错误称为连接错误;在程序运行过程中出现的错误可能是逻辑错误或运行错误。逻辑错误和运行错误可以通过 C++系统提供的调试工具 debug 帮助发现,然后修改源程序。目前 C++系统都提供源代码级的调试工具,可直接对源程序进行调试。

注意:提示错误信息后可以直接按快捷键 F4,快速找到错误行,进行其修改。

2.1.4　C++程序实例

以一个简单的 C++程序为例,详细介绍 C++程序的基本结构。

【例 2-1】　C++简单小程序应用案例。

题目:要求用户输入一个矩形的长和宽,求其面积。

```
#include <iostream.h>                          //预处理命令行
void main()                                     //函数头
{
    int a,b,s;
    cout <<"please input two numbers:\n";
    cin >> a >> b;
    s = a * b;                                  //求矩形面积,结果赋值给变量 s
    cout <<"the area is:"<< s << endl;
}
```

说明:

1. 编译预处理指令

以♯开头的命令为预处理命令,C++提供了三个预处理命令:宏定义命令、文件包含命令和条件编译命令。本例中使用的是文件包含命令。include 是关键字,iostream.h 是输入输出流的一个头文件名。该文件名可以用一对双引号("")或者一对尖括号("<>")括起来均可,具体区别读者可以自行查阅资料。

注意:由于预处理命令行不是 C++语句,所以不能用分号(;)结束。

2. 函数

C++程序是由若干个文件组成的,每一个文件又是由若干个函数组成的。函数之间是并行的,相互独立的,函数之间可以相互调用。但是在一个程序中必须有一个并且只能有一个叫做 main()的函数(主函数)。程序的执行总是从主函数开始,最后从主函数结束。C++程序中的函数分两大类:用户自定义函数和系统函数。

函数是由函数头和函数体组成的,函数头是由函数类型、函数名以及参数列表组成的。函数类型可以是基本数据类型或者是用户自定义类型;函数名是由合法的标识符组成的(后续将详细介绍标识符的概念);参数列表是由一对圆括号("()")括起来的若干个形式参数,可以为空但是圆括号不能省略。其中 void 表示函数的返回值为空,在其他函数中可以根据函数的返回值类型自行设置。函数体由左花括号("{")和右花括号("}")括起来。函数体内是 C++ 语句,C++语句是由分号(";")结束的。

3. 注释

注释是对所编写的程序作出一些关键点的解释与说明,在程序的运行过程中是不执行该部分的内容。给程序加上注释的主要目的是提高程序的可读性,一般为关键程序段或者语句加上注释。注释的格式有两种:多行注释(/ * …… * /)和单行注释(//)。

2.1.5　字符集

在 C++语言中,标识符分为关键字(又称为保留字)和用户自定义标识符。关键字是系统预先定义的、具有特定含义的标识符,不允许用户重新定义。

用户自定义标识符是由若干个字符组成的字符序列,用来命名程序中的一些实体。通常用于定义常量名、变量名、函数名、类名、结构体名、联合体名、对象名、类型名等。在程序中用户是通过标识符来定义和引用这些对象的。C++语言中构成标识符的语法规则如下:

(1) 标识符由字母(a~z、A~Z)、数字(0~9)或下画线(_)组成的。

(2) 第一个字符必须是字母或下画线。

(3) C++中标识符最多由 247 个字符组成。

(4) C++标识符对大小写字母是敏感的,即大写字母和小写字母被认为是两个不同的标识符,如 A1 和 a1 是两个不同的变量名。

(5) 关键字不能作为新的标识符在程序中使用,但标识符中可以包含关键字。

例如:

合法的用户自定义标识符:x_1、_123、xyz、rint。

不合法的用户自定义标识符:1_x、int、x y、w? w。

标点符号对 C++编译器具有语法意义,它们本身并不产生值的操作,下面列出 C++语言中的标点符号。

- 逗号(,): 用作数据之间的分隔符。
- 分号(;): 语句结束符号。
- 冒号(;): 语句标号结束符或条件运算符。
- 单引号('): 字符常量标记符。
- 双引号("): 字符串常量标记符。
- 左花括号({): 复合语句开始的标记符。
- 右花括号(}): 复合语句结束标记符。
- 分隔符是用来分隔单词或程序正文的,表示某个程序实体的结束和另一个程序实体的开始。分隔符本身并不对程序的语法和语义产生任何影响,是一种不被编译的符号。C++的分隔符可以是一个或多个下列符号组成: 空格符、制表符、换行符和注释符。

2.2 基本数据类型和表达式

2.2.1 基本数据类型

C++语言的基本数据类型有 4 种,分别为整数类型、字符类型、浮点类型和空类型。整数类型简称整型,用于定义整数对象。字符类型用于定义字符数据。浮点类型包括单精度类型和双精度类型,用于定义实数。void 类型描述了有关值的空集,变量不能声明为 void 类型,它主要用于声明没有返回值的函数以及声明未确定类型或执行任意数据类型的指针。这些基本数据类型可以代表常量也可以用来定义对应类型的变量,整数类型的常量就是我们常说的整数,变量可以用 int、long、short 等关键字来定义;字符类型的常量就是我们常说的字符,变量可以用关键字 char 来定义;浮点类型的常量就是我们平常说的小数,变量可以用 float、double 两个关键字来定义,详见 2.2.3 节。

2.2.2 自定义数据类型

在 C++中,通常基本数据类型并不能满足解决实际问题的需求,而 C++中允许用户自定义类型,下面将详细介绍几个常用的自定义数据类型。

1. 数组

数组是由一组相同类型的变量组成的集合。数组中的每个变量称为数组元素,所有的数组元素共用一个变量名,即数组名,然后用下标来区别该数组中的每一个变量。

数组具有如下特性:
- 数组中的每个元素具有相同的类型;
- 每个元素由下标唯一标识。

与简单变量一样,数组在使用之前必须先定义后使用。

(1) 数组的定义

具有一个下标的数组称为一维数组,定义一维数组的语法格式为:

<数据类型> <数组名>[<常量表达式>]

说明：

① <数据类型>可以是基本数据类型，也可以是已经声明过的某种自定义数据类型；

② <数组名>是用户自定义的标识符，用来表示数组的名称；

③ <常量表达式>必须是整型数据，用于表示数组的长度，即数组所包含元素的个数；

④ "[]"是下标运算符，具有最高的运算优先级，结合性为从左向右。

注意：该定义表达式可以一次定义一个数组也可以一次定义多个数组，多个数组之间用","隔开，表明多个数组是相同的数据类型。

多维数组的定义与一维数组类似，其语法格式为：

<数据类型><数组名>[<常量表达式1>][<常量表达式2>]…[<常量表达式n>]

例如，下面定义了几个不同类型的数组：

```
int a[10];                  //定义了一个整型数组 a
float b[20];                //定义了一个单精度数组 b
double c[5];                //定义了一个双精度数组 c
int d[3][5],e[2][3][4];     //定义了一个二维整型数组 d 和一个三维整型数组 e
float score[30][6];         //定义了浮点型二维数组 score
```

说明：

① a 是数组名，方括号中的 10 表示数组的长度，即该数组包含 10 个数组元素。分别是 a[0]、a[1]、a[2]、a[3]、a[4]、a[5]、a[6]、a[7]、a[8]、a[9]。a 数组中的每个元素都是整型变量。同理 b 和 c 都是数组名，b 数组包含 20 个元素，c 数组包含 5 个元素。每个元素都是浮点型变量。

注意：C++中规定数组元素下标从 0 开始。

具有相同类型的数组可以在一条语句中定义。例如：

```
int a1[10],a2[20];          //同时定义了两个整型数组 a1 和 a2
```

具有相同类型的简单变量和数组也可以在一个语句中定义。例如：

```
int  x,y[20];               //同时定义了一个整型变量 x 和一个整型数组 y
```

数组一旦定义之后，系统就会为其分配一块连续的存储空间，该空间的大小为 n×sizeof(<元素类型>)，其中 n 为数组元素个数。

② d 数组是一个二维数组，包含 3×5 个数组元素。可以将二维数组 d[3][5]看成是 3 个连续的具有 5 个数组元素的一维数组：d[0]、d[1]、d[2]，而 d[0]、d[1]、d[2]又是包含 5 个元素的一维数组：

```
d[0]        d[0][0]   d[0][1]   d[0][2]   d[0][3]   d[0][4]
d[1]        d[1][0]   d[1][1]   d[1][2]   d[1][3]   d[1][4]
d[2]        d[2][0]   d[2][1]   d[2][2]   d[2][3]   d[2][4]
```

同理 score 是二维数组名，包含 180 个数组元素，每个元素都是单精度类型。

③ e 数组是一个三维数组，该数组包含 2×3×4 个元素。分别是 e[0][0][0]、e[0][0][1]、……、e[1][2][2]、e[1][2][3]。

（2）数组的初始化

在定义数组的同时给数组元素赋初值称为数组的初始化。其语法格式为：

<类型> <数组名>[<常量表达式>] = {<初值表>}

例如，下面合法地初始化数组元素的格式：

```
int a[10] = {1,2,3,4,5,6,7,8,9,10};      //整型数组元素被全部初始化
float x[5] = {2.1,2.2,2.3,2.4,2.5};      //浮点型数组元素被全部初始化
int b[10] = {1,2,3,4,5};                 //初始化部分数组元素，其余元素值默认为 0
int c[] = {2,4,6,8,10};                  //通过对数组元素全部初始化，隐含给出数组的长度为 5
```

对于多维数组，下面合法地初始化数组元素的格式：

```
int a[3][4] = {{1,2,3,4},{5,6,7,8},{9,10,11,12}};   //a 数组元素被全部初始化
int a[3][4] = {1,2,3,4,5,6,7,8,9,10,11,12};         //a 数组元素被全部初始化
int b[][3] = {{1,3,5},{5,7,9}};                     //初始化全部数组元素，隐含行数 2
int c[3][3] = {{1},{2},{3}};                        //初始化部分数组元素，其余元素默认为 0
```

其实，第一行和第二行初始化是等价的，即可以省略内层的花括号。对于数组的初始化要注意如下几个问题：

① 初始化时，可以对全部元素赋初值，也可以对部分元素赋初值。

② 如果只对部分元素赋初值，没有赋初值的元素默认为 0。

③ 若对所有数组元素赋初值，可以不显式指定数组的长度，系统会根据初值表中数据的个数自动定义数组的长度。

④ 在定义数组时，编译器必须知道数组的大小。因此，只有在初始化的数组定义中才能省略数组大小。

例如，int a[][5]这样的定义格式是错误的。

（3）数组的应用

数组的应用即数组元素的使用，是通过数组名及下标运算符[]来使用的。每个元素由唯一的下标来标识，即通过数组名及下标可以唯一地确定数组中的某个元素。数组元素也称为下标变量。下标可以是常量、变量或表达式，但其值必须是整数。下标变量可以像简单变量一样参与各种运算。

例如：

```
int x[6] = {1,2,3,4,5,6};
int y;
y = x[2] * 3 + x[5]/2;
```

总之，数组是一种表示和存储数据的重要方法。利用数组可以实现计算、统计、排序和查找等各种运算。

2. 结构体

结构体是由多种数据类型的数据组成的一个集合。组成结构体的各个分量称为结构体的数据成员。

（1）结构体类型的定义

定义结构体类型的格式为：

```
struct <结构体类型名>
{
    <成员类型1><成员名1>;
    <成员类型2><成员名2>;
        …
    <成员类型n><成员名n>;
};
```

说明：

① struct 是定义结构体类型的关键字，不能省略。

② <结构体类型名>是用户自定义的标识符。struct 与<结构体类型名>组成特定的结构体类型名，它们可以像基本类型名一样(如 int、float 或 char)定义该结构体类型的变量或函数等。

③ 花括号("{}")内的部分称为结构体。结构体是由若干个结构体成员组成的。每个结构体成员均有自己的名称和数据类型，<成员名>是用户自定义的标识符，<成员类型>既可以是基本数据类型，也可以是已定义过的某种数据类型(如数组类型、结构体类型等)。若几个结构体成员具有相同的数据类型，可将它们定义在同一种成员类型之后，各成员之间用逗号(",")隔开。

④ 结构体类型的定义应视为一个完整的语句，用一对花括号("{}")括起来，最后用分号结束。

例如：定义一个职工信息的结构体类型，包括职工编号、姓名、性别、年龄、出生日期和工资。

```
struct   date                        //定义出生日期结构体类型
{
 short year;
 short month;
 short day;
};
struct employee                      //定义职工信息结构体类型
{
 char num[5];
 char name[20];
 char sex;
 int age;
 struct date birthday;               //利用 struct date 类型定义生日变量
};
```

在职工信息中包含出生日期数据项，出生日期又包含年、月、日三个数据项，所有要先定义一个出生日期结构体类型，然后再定义职工信息结构体类型。

说明：

• 结构成员类型可以是任何合法的 C++类型；

• 定义一个结构体类型并不分配内存，只有定义这个结构体类型的变量时，才分配内存。

（2）结构类型变量

结构体类型定义之后并不为其分配内存，也就无法存储数据，只有在程序中定义了结构体类型变量之后才能存储数据。结构体类型变量简称结构体变量。

结构体变量声明的语法格式为：

```
struct <结构体类型名>
{
  <成员类型 1><成员名 1>;
  <成员类型 2><成员名 2>;
  …
  <成员类型 n><成员名 n>;
}<变量名表>;
```

① 定义结构体类型的同时声明结构体变量

例如：

```
struct student
 {
  char num[10];
  char name[20];
  char sex;
  int age;
  float score[5];
}st1,st2;                        //声明两个结构体变量 st1 和 st2
```

② 在定义无名结构体类型的同时声明结构体变量

例如：

```
struct
{char num[10];
  char name[20];
  char sex;
  int age;
  float score[5];
}st1,st2;                        //声明两个结构体变量 st1 和 st2
```

注意：该种格式声明结构体变量只能在本文件中使用，因为该结构体类型没有名字。

③ 用结构体类型声明结构体变量

这种声明结构体变量的方式是先定义结构体类型，然后再声明结构体变量。声明结构体变量的语法格式为：

```
[struct]<结构体类型名><变量名表>;
```

其中，"[]"中的关键字 struct 可以省略（一般不省略）。这种声明变量的格式与前面介绍过的变量声明语句格式类似，只是把标准类型的关键字换成用户定义的类型而已。

例如：

```
struct   date                    //定义出生日期结构体类型
{
  short year;
```

```
    short month;
    short day;
};
struct date birthday1;                    //声明一个结构体变量 birthday1
```

或者：

```
date birthday2;                           //声明一个结构体变量 birthday2
```

（3）结构体变量的初始化

所谓结构体变量的初始化是指在定义结构体变量的同时给结构体变量赋初值。其初始化的方式有以下两种：

第一种，是用花括号(〈〉)括起来的若干个成员值对结构体变量进行初始化；

第二种，是用同类型的变量对结构体变量初始化。

例如，下列结构体类型 struct student 包含 5 个成员：

```
struct student
{
    char num[10];
    char name[20];
    char sex;
    int age;
    float score[5];
};
```

下面两条对结构体变量初始化的语句都是正确的：

```
struct student st1 = {"001","wangfang",'f',18,{96,95,88,62,63}};
struct student st2 = st1;
```

注意：初始化数据中成员值的个数可以少于变量的成员数。

结构体类型 struct student 在内存中占多少个字节呢？一般情况下，一个字符占 1 个字节，一个 int 型整数占 4 个字节，一个 float 型实数占 4 个字节，所以 struct student 类型应该占 10＋20＋1＋4＋20 个字节。但在 C++语言中，系统为结构体对象分配整数倍大小的机器字长(4 个字节)，所以 struct student 类型实际占 60 个字节。此时，char num[10]成员占 12 个字节，使用前 10 个字节，后面两个字节空闲；char sex 成员占 4 个字节，但仅第一个字节被使用，后面的 3 个字节空闲。

3. 联合体（也叫共用体）

在 C++中，联合体的功能和语法结构都和 C 语言的联合体相同。它与结构体类型比较相像，也是由若干个数据成员组成的，并且引用成员的方式也一样。但它们之间还是有一定的区别：

* 结构体定义了一组相关数据的集合，而联合体定义了一块为所有数据成员共享的内存空间。
* 在某一时刻，结构体成员可以同时被访问，联合体只有一个成员可以被访问。

定义联合体类型的格式为：

```
union   <联合体类型名>
```

```
{
  <成员类型 1> <成员名 1>;
  <成员类型 2> <成员名 2>;
    ⋮
  <成员类型 n> <成员名 n>;
};
```

说明：

（1）union 是定义联合体类型的关键字，不能省略。

（2）<联合体类型名>是由合法的用户自定义标识符来定义的。union 与<联合体类型名>组成特定的联合体类型名，它们可以像基本类型名一样定义属于自己类型的变量。

（3）C++语言中允许省略<联合体类型名>，定义无名联合体类型（也称为匿名联合体类型）。

（4）花括号（{}）内的部分称为联合体。联合体是由若干个成员组成的。每个联合体成员都有自己的名称和对应的数据类型。<成员名>由用户自定义标识符定义，<成员类型>既可以是基本数据类型也可以是已定义过的某种数据类型。

（5）联合体类型的定义视为一个完整的 C++语句，用一对花括号{}括起来，最后用分号结束。

例如：

```
union   unioncif                 //定义一个包含三个成员的联合体类型 union unioncif
{
  char ch;
  int i;
  float f;
};
union                            //定义一个包含三个成员的匿名联合体类型
{
  char ch;
  int i;
  float f;
};
```

联合体类型的变量定义以及对变量的赋值、使用与结构体均相同，这里就不重复赘述了。

4．枚举类型

枚举类型也是一种用户自定义类型，是由若干个有名字的常量组成的有限集合。实际上枚举就是将所有可能的取值一一列举出来。

定义枚举类型的格式：

```
enum <枚举类型名>
{
  <枚举元素 1>[ = <整型常量 1>],
  <枚举元素 2>[ = <整型常量 2>],
    ⋮
  <枚举元素 n>[ = <整型常量 n>]
}
```

说明：

（1）enum 是定义枚举类型的关键字，不能省略。

（2）<枚举类型名>是用户自定义的标识符。

（3）<枚举元素>也称为枚举常量，也是用户自定义的标识符，表示枚举类型可以取值的范围。

（4）C++语言允许用<整型常量>为枚举元素指定一个值。如果省略<整型常量>，默认<枚举元素 1>的值为 0，<枚举元素 2>的值为 1，…，以此类推，<枚举元素 n>的值为 n-1。若用户在枚举表中一个枚举常量后加上赋值号和一个整型常量，则表示枚举常量被赋予了这个整型常量的值。如：

```
enum color{red = 3,green = 5,yellow,blue};          //定义枚举类型 color
```

说明：用户指定了 red 的值为 3，green 的值为 5。若用户没有给一个枚举常量赋初值，则系统给它赋的值是它前一项枚举常量的值加 1，若它本身就是首项，则被自动赋予整数 0。若对于上述定义的 color 类型，yellow、blue 的值分别为 6、7。

```
enum season{spring = 1,summer,autumn,winter};       //定义枚举类型 season
```

说明：枚举类型 season 有 4 个元素：spring、summer、autumn 和 winter。spring 的值被指定为 1，其余各元素的值分别为：summer＝2，autumn＝3，winter＝4。

（5）枚举变量可以在定义枚举类型的同时声明，也可以用枚举类型声明。

例如：

```
enum season{spring = 1,summer,autumn,winter}s = winter;    //声明一个枚举变量 s
```

或者

```
enum weekday{Mon = 1,Tues,Wed,Thurs,Fri ,Sat,Sun = 0};     //声明枚举类型
enum weekday day1 = Sun,day2;              //声明两个枚举变量 day1 和 day2，并为 day1 赋值为 Sun
```

5. typedef

C++语言中允许用 typedef 给已存在的数据类型取一个别名，别名的效力等同于对应的数据类型。其语法格式为：

```
typedef <类型名 1><类型名 2>;
```

说明：

（1）<类型名 1>可以是 C++语言中的基本数据类型名，也可以是用户自定义的数据类型名。

（2）<类型名 2>是用户为<类型名 1>所取的别名，其格式要求符合用户自定义标识符的格式。

（3）在程序中，可以利用为数据类型取的别名来声明一个新的对象。

例如：

（1）`typedef  float  Real;`

则下面两个声明语句是等价的：

```
float x,y;
Real x,y;
```

（2）
```
typedef struct{
        char name[20];
        char anthor[10];
        float price;
    }BOOK;                      //定义一无名结构体类型的同时为其取别名 BOOK
    BOOK   book1,book2;         //用 BOOK 声明两个结构体变量 book1 和 book2
```

6. 数据类型转换

在程序运行过程中,处理的数据类型不一致时需要进行类型转换,C++语言中的类型转换有两种：自动类型转换和强制类型转换。

（1）自动类型转换

如果在一个表达式中出现不同数据类型的数据进行混合运算时,C++语言利用特定的转换规则将两个不同类型的操作数自动转换成同一类型的操作数,然后再进行运算,这种自动转换的功能也称为隐式转换。

例如：

```
int i = 4;
char ch = 'a';
float f = 1.2;
double df = 3.69;
```

表达式 ch $*$ i $+$ f $*$ 2.0-df 的计算过程为：

① 将 ch 转换为 int 型,计算 ch $*$ i$=97*4=388$；

② 将 f 转换为 double 型,计算 f $*$ 2.0$=1.200000 * 2.000000=2.400000$；

③ 将 ch $*$ i 转换为 double 型后与后一项求和,计算 $388.000000+2.400000=390.400000$；

④ 计算 $390.400000-df=390.400000-3.690000=386.710000$。

说明：

① 当参与运算的两个操作数中至少有一个是 float 型,并且另一个不是 double 型,则运算结果为 float 型。

② 当参与运算符的两个操作数中至少有一个是 double 型,则运算结果为 double 型。

注意：自动类型转换的原则是占内存小的数据类型向占用内存多的数据类型转换。

（2）强制类型转换

C++允许将某种数据类型强制地转换为另一种指定的数据类型,其转换的语法格式为：

<类型关键字>(<表达式>)

或：

(<类型关键字>)<表达式>

或：

(<类型关键字>)(<表达式>)   //规范格式

例如：

```
int i = 10;
float x = (float)i;            //将整型转换为单精度类型
```

不过，在 C++语言中推荐更为规范的格式：

```
int i = 10;
float x = float(i);
```

注意：对于需要强制转换的对象是一个综合表达式时，必须采用第二种格式。

2.2.3 常量

常量是指在整个程序运行的过程中始终保持不变的量。在表达式中常量明确地表示出对象的值。常量的特点如下：

- 常量不在内存中占用编译空间。
- 常量的值不能修改。

C++程序中，按照数据类型可将常量分为整型常量、字符常量、逻辑常量、枚举常量、实型常量和地址常量等。

1. 整型常量

整型常量简称整数，它常用十进制、八进制和十六进制三种表示方法。

(1) 十进制整数。十进制整数是由正号（"＋"）或负号（"－"）开始，接着为首位非 0 数字，后接若干个十进制数字(0～9 之间的数字)组成。若前缀为正号则为正数，若前缀为负号则为负数，若无符号则默认为是正数。

注意：当一个十进制整数大于等于－2 147 483 648（即－2^{31}－1），同时小于等于 2 147 483 648（即 2^{31}－1）时，则被系统看做是 int 型常量；当在 2 147 483 648～4 294 967 295（即 2^{31}－1～2^{32}－1）范围之内时，则被看做是 unsigned int 型常量；当超过上述两个范围时，则无法用 C++整数类型表示，只有用实数（即带小数点的数）来表示这个范围内的数据才能够有效地存储和处理。

(2) 八进制整数。八进制整数是以数字 0 开头，后接若干个八进制数字组成(0～7 之间的数字)。

注意：八进制整数不带符号位，隐含为正数。

(3) 十六进制整数。十六进制整数由数字 0 和字母 x（大小写均可）开头，后接若干个十六进制数字(0～9、a、b、c、d、e、f（大小写均可))。

注意：同八进制整数一样，十六进制整数也均为正数。

(4) 在整数末尾使用 u 和 l 字母。对于任一种进制的整数，若后缀为字母 u，则硬性定义它为无符号整型数；若后缀为字母 l，则硬性定义它为长整型整数。在一个整数的末尾，可以同时使用 u 和 l，并且对排列无要求，表示该数为无符号长整型整数。

2. 字符常量

字符常量简称字符，它以单引号（"'"）作为起止标记符号，中间为一个字符（转义字符除外），每个字符常量仅表示一个字符。因为字符型的长度为 1，值域范围为－128～127 或

0～255，而在计算机领域使用的 ASCII 字符，其 ASCII 码值为0～127，正好在 C++字符型值域内。所以，每个 ASCII 字符均是一个字符型数据，即字符型中的一个值。

对于 ASCII 字符集中的每个可显示字符（个别字符除外），对应的 C++字符常量就是它本身，对应的值就是该字符的 ASCII 码，表示时用单引号括起来；对于像回车、换行那样的具有控制功能的字符，以及对于像单引号、双引号那样的作为特殊标记使用的字符，就无法采用上述的表示方法。为此引入了"转义"字符的概念，其含义是：以反斜线作引导的下一个字符失去了原来的含义，而转义为具有某种控制功能的字符。如'\n'中的字符 n 通过前面使用的反斜线转义后就表示一个换行符，具有换行功能，其对应的 ASCII 码为10。

为了表示用作特殊标记而使用的可显示字符，也需要用反斜线字符引导。如"\'"表示单引号字符，若直接使用"'"表示单引号在 C++语言中是错误的。另外，还允许用反斜线引导一个具有1～3位的八进制整数或一个以字母 x 作为开始标记的具有1～2位的十六进制整数，对应的字符就是以这个整数作为 ASCII 码的字符。如'\0'、'\12'、'\81'、'\x61'等对应的字符依次为空字符（其 ASCII 码为0，注意：它不同于空格字符，空格字符的 ASCII 码为32）、换行符、';'、'A'和'a'等。

由反斜线字符开头的符合上述使用规定的字符序列称为转义序列，C++语言中的所有转义字符如表 2-1 所示。

表 2-1　转义字符

转义序列	对应值	对应功能或字符	转义序列	对应值	对应功能或字符
\a	7	响铃	\\	92	反斜线
\b	8	退格	\'	39	单引号
\f	12	换页	\"	34	双引号
\n	10	换行	\?	63	问号
\r	13	回车	\ddd	ddd 的八进制值	该值对应的字符
\t	9	水平制表	\xhh	hh 的十六进制值	该值对应的字符
\v	11	垂直制表			

说明：

（1）转义字符不但可以作为字符常量，也可以同其他字符一样使用在字符串中。例如：

```
"Hello\n"           //字符串中含有 6 个字符，最后一个为换行符
"\tx = "            //输出字符串 x=的时候，首先将使光标后移 8 个字符(跳格符)位置后再输出
```

（2）对于一个字符，当用于输出显示时，将显示出字符本身或体现出相应的控制功能。例如：

```
"She\'s a good girl!"   //最后字符串输出的结果是 She's a good girl!
```

（3）当一个字符出现在计算表达式中时，实际上将使用它对应的 ASCII 码参与运算。例如：

```
char ch1 = 'A';
char ch2 = 2 + ch1;
```

说明：

(1) 第一条语句定义了字符变量 ch1 并把字符'A'赋值给该变量作为初始值,但实际上是把字符 A 的 ASCII 码 65 赋给 ch1。

(2) 第二条语句是利用 65+2=67,将其赋值给 ch2,ch2 为字符'C'。

3. 逻辑常量

逻辑常量是逻辑类型中的值,C++语言中用保留字 bool 表示逻辑类型,该类型只含有两个值,即整数 0 和 1,用 0 表示逻辑假,用 1 表示逻辑真。在 C++语言中还定义了这两个逻辑值所对应的符号常量 False 和 True,False 的值为 0,表示逻辑假;True 的值为 1,表示逻辑真。由于逻辑值是整数 0 和 1,所以该类型的常量也能够像其他整数一样出现在表达式中,参与各种整数类型数值的运算。

4. 枚举常量

枚举常量是枚举类型中的值,即枚举值。如:

```
enmu color{red,green,yellow,blue};      //定义了一个枚举类型 color,它包含四个枚举值 red、
                                          green、yellow 和 blue
enmu color c1,c2,c3;                     //枚举类型变量的定义,变量定义在 2.2.4 节讲述
c1 = red;                                //把枚举常量 red 赋给变量 c1
```

注意：由于各枚举常量的值是一个整数,所以可以把它等同于整型数值一样看待,参与整型数值的各种运算。又由于它本身是一个符号常量,所以当作为输出数据项时,输出的是它的整数值,而不是它的标识符,这一点同输出其他类型的符号常量是一致的。

5. 实型常量

实型常量简称实数,它有十进制的定点小数和浮点数两种表示方法。

(1) 定点表示。定点表示的实数简称定点小数,它由一个符号(+或-,其中正号可以省略)后接若干个十进制数字和一个小数点组成,这个小数点可以处在任何一个数字位之前或之后。如 .12、1.2、12.、0.12、-6.38 等都是合法的定点数。注意:小数点"."之前或之后必须有数字。

(2) 浮点表示。浮点表示的实数简称浮点数,它由一个十进制整数或定点数后接一个字母 e(大小写均可)和一个 1~3 位的十进制整数组成,字母 e 之前的部分称为该浮点数的尾数,e 后面的部分称为该浮点数的指数,该浮点数的值就是它的尾数乘以 10 的指数幂。如 1.23E10、+3.21e-8、2E4、0.345e-6 等都是合法的浮点数,它们对应的数值分别为 1.23×10^{10}、3.21×10^{-8}、20000、0.345×10^{-6}。

对于一个浮点数,若将它尾数中的小数点调整到最左边第一个非零数字的后面,则称它为规范化(或标准化)浮点数。如 21.6E8 和 -0.074E5 是非规范化的,若将它们分别调整为 2.16E9 或 -7.4E3 则为规范化的浮点数。

(3) 实数类型的确定。对于一个定点数或浮点数,C++自动按双精度数来存储,占用 8 个字节的存储空间。若在一个定点数或浮点数之后加上字母 f(大小写均可),则自动按一个单精度数来存储,在内存中分配 4 个字节的存储空间。如 3.24 和 3.24f,虽然数值相同,但是分别代表一个双精度数和一个单精度数。

6. 地址常量

在计算机内存中,为了表示一个个数值所存储的空间位置,通常用"地址"的概念来表

述。一般直接读取地址是很困难的,因此在 C++语言中通常用"指针"来访问地址。指针类型的值域是 $0 \sim 2^{32}-1$ 之间的所有整数,每一个整数代表内存空间中一个对应单元(若存在的话)的存储地址,每一个整数地址都不允许用户直接用来访问内存,目的是防止用户对内存系统数据的有意或无意的破坏。但用户可以直接使用整数 0 作为地址常量,它是 C++语言中唯一允许使用的地址常量,并称为空地址常量,它对应的符号常量为 NULL,表示不代表任何地址,在 iostream.h 头文件中有此常量的定义。

7. 字符串常量

字符串常量简称字符串,是由一对双引号("")括起来的零个或多个字符序列。例如 "the number is very good!""123456789"等。字符串中可以包含空格符、转义字符或其他字符。字符串常量不同于字符常量,二者有很大的区别,主要表现在以下几个方面:

(1) 标识符不同。字符常量的标识符是单引号,字符串常量的标识符是双引号。

(2) 存储方式不同。字符串常量 m 占两个字节,一个字节用来存储字符 'm',另一个字符用来存储字符串结束标志\0;字符常量'm'仅占一个字节,用来存放字符'm'。在每个字符串的尾部系统会自动加上字符串结束标志"\0",而字符常量没有。

(3) 字符串常量和字符常量能进行的运算是不同的。例如+运算,字符串的+是连接运算,其运算规则是:将连接运算的第一个运算对象结尾的"\0"去掉,然后连接第二个运算对象,将两个字符串合并成一个字符串;而两个字符的+运算是利用这两个字符对应的 ASCII 码做整数加运算。

(4) 字符串有空串、空格串;字符没有空字符只有空格字符。

2.2.4　变量

变量是在程序运行过程中其值可以被改变的量。每一个变量都属于一种数据类型,用来表示(即存储)该类型中的一个值。根据这一原则,可以随时利用 C++语言中的每一种预定义类型和用户已经定义的数据类型定义需要使用的变量。在 C++语言中规定变量必须先定义后使用,只有定义了具有某种类型的变量才能进行存储、读取其值然后进行相应的操作。

1. 变量定义语句

变量定义是通过变量定义语句实现的,该语句的一般语法格式为:

<类型关键字><变量名>[=<初值表达式>],…;

说明:

(1) <类型关键字>为已经存在的一种数据类型,如 short、int、long、char、bool、float 等都是类型关键字,分别代表系统预定义的短整型、整型、长整型、字符型、布尔型、单精度型。对于用户自定义的类型,可以从类型关键字中省略其保留字。如假定 struct worker 是用户自定义的一种结构类型,则前面的保留字 struct 可以省略。

(2) <变量名>是用户定义的一个标识符,用来表示一个变量,该变量可以通过后面的可选项赋予一个值,称为给变量赋初值。

(3) <初值表达式>是一个表达式,它的值就是赋予变量的初值,该项为可选项。

(4) 该语句格式后面使用的省略号表示在一条语句中可以定义多个同类型的变量,但各变量定义之间必须用逗号（","）分隔开。

2. 变量定义语句举例

```
int a,b;                        //定义了两个整型变量 a 和 b
char ch1,ch2 = 'A';             //定义了两个字符型变量 ch1 和 ch2,并给 ch2 赋初值
double d1 = 0.2,d2;             //定义了两个双精度变量 d1 和 d2,并给 d1 赋初值
```

3. 变量定义语句的执行过程

当程序执行到一条变量定义语句时,首先为所定义的每个变量在内存中分配与类型长度相同的存储单元,如为每个整型变量分配 4 个字节存储单元,为每个双精度变量分配 8 个字节的存储单元;接着若变量名后带有可选项,则计算出初值表达式的值,并把它保存到变量所对应的存储单元中,表示给变量赋初值,若变量名后不带有可选项,则当所属语句处于函数之外(全局变量,该内容在后续章节中介绍)时,将自动给变量赋予初值 0,否则不赋予任何值,此时的变量值是不确定的(随机数),实际上是存储单元中的原有值。

注意：一般在使用变量之前需要给其赋值,也就是说要求变量在使用之前有一个明确的值,以免对程序的运行造成破坏。

4. 变量定义语句应用举例

【例 2-2】 变量定义语句的应用案例。

题目：编写程序实现计算任意长、任意宽的矩形的面积。

```
# include < iostream.h>
void main()
{
    double x,y,area;                //定义了三个双精度类型变量 x、y、area
    cin >> x >> y;                  //通过键盘任意输入两个双精度数给矩形的长和宽
    area = x * y;
    cout <<"the area is:"<< area << endl;
}
```

其运行结果如图 2-1 所示。

注意：cin、cout 是标准输入输出函数,该知识点将在 2.3 节中详细介绍。

图 2-1 例 2-2 运行结果

2.2.5 符号常量

在 C++语言中定义符号常量有两种方法：利用关键字 const 和预处理命令 define。

1. const 定义符号常量

符号常量定义语句同变量定义语句类似,其语法格式为：

const <类型关键字><符号常量名> = <初值表达式>,…;

说明：

(1) 关键字 const 开头标志着定义符号常量,不能省略。

(2) 类型关键字可以是系统中预定义的基本数据类型或是用户自定义类型。

(3) 符号常量名采用用户自定义的合法标识符即可。

（4）符号常量名之后的赋值号和表达式（表达式中既可以含有常量也可以含有变量），由此可见，在定义符号常量时必须同时对其赋初值。该语句同样也可以定义多个符号常量。

（5）系统执行符号常量定义语句与执行变量定义语句基本一样，需要依次为每个符号常量分配存储单元并赋初值。

注意：一个符号常量被定义后，它的值就是定义时所赋予的初值，以后将始终保持不变，因为系统只允许读取它的值，而不允许向它赋值。

（6）在符号常量的定义语句中，若<类型关键字>为 int，则可以被省略。

下面给出几个符号常量定义语句的例子：

```
const int a1 = 3, a2 = a1 * 7;        //定义了两个整型符号常量 a1 和 a2, 其中 a2 的值与 a1 有关
const double PI = 3.1416;             //定义了一个双精度符号常量 PI, 初始值为 3.1416
const Max = 100;                      //定义了一个整型符号常量 Max
```

说明：读者需要注意的是，符号常量定义语句和变量定义语句一样，该语句既可以出现在函数体外，也可以出现在函数体内。同时，符号常量的定义也必须遵循先定义后使用的原则。

2. 使用♯define命令定义符号常量

♯define 命令是一条预处理命令，其命令格式为：

♯define <符号常量名> <字符序列>

说明：

（1）<符号常量名>是用户自定义的合法标识符，又称为宏或宏标识符。

（2）<字符序列>是由用户给定，用来代替宏的一个字符序列。宏被该命令定义后，可以使用在其后的程序中，当程序被编译时将把所有使用宏标识符的地方替换为对应的<字符序列>，并把宏命令删除掉。

一个宏命令的定义，例如：

```
♯define AGE 18               //注意千万不要在命令行后加";"
```

若在主函数中有这样一条语句：

```
int x = AGE + 30, y = AGE * 3;
```

编译后则改变为：

```
int x = 18 + 30, y = 18 * 3;
```

若上述宏命令中的字符序列不是 18，而是 9+9，则编译后改变为：

```
int x = 9 + 9 + 30, y = 9 + 9 * 3;      //注意变量 y 的值
```

可见宏替换后改变了原表达式中运算的优先次序，为了克服可能出现的这种错误，通常使用带括号的宏字符序列。如可将上述定义的宏命令改为：

```
♯define AGE (9 + 9)
```

编译后则改变为：

```
int x = (9 + 9) + 30, y = (9 + 9) * 3;    //避免了错误的发生
```

总之,由于使用 const 语句定义符号常量带有数据类型,以便系统进行类型检查,同时该语句具有计算初值表达式和给符号常量赋初值的功能,所以使用它比使用宏命令定义符号常量要优越得多,因此提倡在程序中使用 const 语句定义符号常量。

【例 2-3】　define 定义符号常量的应用案例。

题目:利用 define 命令定义符号常量,验证符号常量的应用。

```
# include < iostream.h >
# define PI 3.14
void main()
{
  double r, area;
  cin >> r;                         //通过键盘任意输入一个双精度数作为圆的半径值
  area = PI * r * r;                //编译后 area = 3.14 * r * r
  cout <<"the area is:"<< area << endl;
}
```

其运行结果如图 2-2 所示。

2.2.6　运算符与表达式

C++运算符又称操作符,它是对数据进行运算的符号,参与运算的数据称为操作数或运算对象,由操作数和操作符连接而成的有效的式子称为表达式,其目的是计

图 2-2　例 2-3 运行结果

算之后求得一个结果值。操作数可以是常量、变量、函数和其他一些标识符。

在 C++语言中表达式的种类很多,其分类方法也很多。按运算符的不同可将表达式分为算术表达式、赋值表达式、关系表达式、逻辑表达式和逗号表达式。下面分别来介绍各类运算符及其表达式。

C++的运算符十分丰富,按照运算符要求操作数个数的多少,可把 C++运算符分为:单目(或一元)运算符、双目(或二元)运算符和三目(或三元)运算符三类。单目运算符需要一个运算对象,一般位于操作数的前面,例如,取负运算符("−");双目运算符计算时需要两个运算对象,一般位于两个操作数之间,例如,两个数 a 和 b 相加("+")表示为 a+b;三目运算符需要三个运算对象,在 C++语言中三目运算符只有一个,即为条件运算符("?:"),它含有两个字符,分别把三个操作数分开,例如,x > y?x:y。

注意:在 C++语言中,一个运算符可能是一个字符,也可能由两个或两个以上的字符组成,还有的是一些 C++保留字。例如,赋值号("=")就是一个字符,不等于号("! =")就是两个字符,左移赋值号("<<=")就是三个字符,计算类型长度的运算符("sizeof")就是一个保留字。

每一种运算符都具有一定的优先级,用来决定它在表达式中的运算次序。一个表达式中通常包含有多个运算符,对它们进行运算的次序通常与每一个运算符从左到右出现的次序相一致(也可能是从右到左出现的次序),但若它的下一个(即相邻右边)运算符的优先级较高,则下一个运算符应被先计算。例如,计算混合运算表达式 a−b/(c+d) * e,则对应的运算符的运算次序依次为:( )、+、/、 * 、−。

对于同一优先级的运算符,当在同一个表达式中相邻出现时,可能是按照从左到右的次序进行,也可能是按照从右到左的次序进行,主要是依据运算符的结合性。如加和减运算符为同一优先级,它们的结合性是从左到右,即当计算表达式 a+b-c+d 时,按照运算符出现的顺序,依次从左到右计算+、-、+;又如,各种赋值运算符属于同一优先级,结合性是从右到左,即当计算 a=b=c 时,需要从右往左依次进行赋值操作:先做右边的赋值,使 c 的值赋给 b,再做左边的赋值,使 b 的值赋给 a。在 C++语言中定义了全部运算符的优先级、结合性以及功能,其优先级对应的数字从小到大代表着优先级别从高到低,具体如表 2-2 所示。

表 2-2 C++运算符

优先级	运 算 符	功 能	结合性
1	::	作用域区分符	从左向右
	()	改变运算优先级或函数调用的操作符	
	[]	访问数组元素	
	.	直接访问数据成员	
	->	间接访问数据成员	
2	!	逻辑非	从右向左
	~	按位取反	
	+、-	取正、取负	
	*	间接访问对象	
	&	取对象地址	
	++、--	自加、自减	
	()	强制类型转换	
	sizeof	测类型长度	
	new	动态申请内存单元	
	delete	释放 new 申请的单元	
3	.*	引用指向类成员的指针	从左向右
	->*	引用指向类成员的指针	
4	*、/、%	乘、除、取余	从左向右
5	+、-	加、减	
6	<<、>>	按位左移、按位右移	
7	<、<=、>、>=	小于、小于等于、大于、大于等于	
8	==、!=	等于、不等于	
9	&	按位与	
10	^	按位异或	
11	|	按位或	
12	&&	逻辑与	
13	||	逻辑或	
14	?:	条件运算符	从右向左
15	=、+=、-=、*=、/=、%=、&=、^=、<<=、>>=	赋值、复合赋值	从右向左
16	,	逗号运算符	从左向右

说明：

(1) 双目算术运算符及其表达式

这类运算符包括加、减、乘、除和取余5种，它们的含义与数学上的相同。该类运算的操作数为任一种数值类型（预定义数据类型和用户自定义类型（重载机制将在后续章节介绍））。由算术运算符（包括单目和双目）连接操作数而组成的式子称为算术（或数值）表达式，每个算术表达式的值为一个数值，其类型按如下规则确定：

① 当参加运算的两个操作数均为整型时，则运算结果为 int 型，注意：两个整数相除得到的是它们的整数商，两个整数取余得到的是整余数。

② 当参加运算的两个操作数中至少有一个是单精度型，并且另一个不是双精度型时，则运算结果为 float 型。

③ 当参加运算的两个操作数中至少有一个是双精度型时，则运算结果为 double 型。例如：

假定整型变量 x 和 y 的值分别为 28 和 5，则下面给出整数运算，特别是含有除和取余运算的例子：

```
x/8 = 3                    //注意结果是 3 而不是 3.5
10 - y % x = 7             //先计算 y % x
```

注意：取余运算符的运算规则：

```
- 56 % 6 = - 2
56 % - 6 = 2
```

④ 若要使两个整数相除得到一个实数，则必须将其中的一个运算对象转变为实数。例如：

```
9.0/2 = 4.5                //第一个操作数为实数，结果为实数
9/2 = 4
```

注意：取余运算符（"％"）要求两个操作数必须是整数。

(2) 赋值运算符及其表达式

赋值运算除了一般的赋值运算符（"＝"）外，还包括各种复合赋值运算符，如＋＝、－＝、＊＝、／＝等。一般赋值运算符虽然采用数学上的等号表示，但是其功能与含义与等号是不同的。赋值符号的功能是把赋值号右边表达式的值存储到左边变量所对应的存储单元中。由一般赋值号或复合赋值号连接左边变量和右边表达式而构成的式子称为赋值表达式，每个赋值表达式都有一个值，它就是通过赋值得到的左边变量的值。例如：

```
x = 3 * 5 - 2              //变量 x 就是通过赋值表达式获取值 13，赋值表达式值也就是 13
```

通常在一个赋值表达式中，赋值号两边的数据类型是相同的，若出现不同时，则在赋值前自动把右边表达式的值转换为与左边变量类型相同的值，然后再把这个值赋给左边变量。例如执行 x＝22/3.0 时，若 x 为整型，则得到的 x 的值为 7，它是将右边计算得到的双精度值舍去小数部分，只保留整数部分 7 的结果。再如，执行 y＝70 时，若 y 为双精度变量，则首先把 70 转换为双精度数 70.0 后再赋值给变量 y。

注意：当把一个实数值赋值给一个整型量时，将丢失小数部分，获得的只是整数部分，

它是实数的一个近似值。

在一个赋值表达式中可以使用多个赋值号实现给多个变量赋值的功能。如执行 x＝y＝z＝0 时就能够同时给 x,y,z 赋值 0。由于赋值符号的结合性为从右向左,所以实际赋值过程是:首先把 0 赋给变量 z,得到子表达式 z=0 的值为 0,接着把这个值赋给变量 y,得到子表达式 y＝z=0 的值为 0,最后把这个值赋给变量 x,使 x 的值也为 0。整个赋值表达式的值也就是 x 的值 0。

在 C++语言中有许多复合赋值运算符,每个运算符的含义为:把右边表达式的值同左边的变量的值进行相应的运算后,再把这个运算结果赋给左边的变量,该复合赋值表达式的值也就是保存在左边变量中的值。例如:

```
x += 3                //具体操作过程为把 3 加上 x 的值后再赋给变量 x,该表达式等价于 x = x + 3
```

对于任一种赋值运算,其赋值符号或复合赋值符号左边必须是一个变量。因为赋值的含义不单纯是将赋值运算符右侧的值赋给左侧的变量,而且还包括将该值放入对应变量所在的内存空间。由此可知:表达式 x ∗ 5＝10 是非法的,因为赋值号左边的 x ∗ 5 是一个表达式,而不是一个变量,常量 10 无法把值赋给一个表达式。例如:

```
x = y + 2 = 6;        //赋值表达式非法
x = 5 = 6;            //赋值表达式非法
```

(3) 自加和自减运算符及其表达式

自加运算符用连续的两个加号("＋＋")表示,自减运算符用两个连续减号("－－")表示。它们都是单目运算符,并且要求运算对象必须是变量,操作数的类型可以是任一种数据类型,对于枚举类型需要有相应操作符重载的定义。

＋＋和－－运算符有两种使用格式:一种是使用在操作数的前面(简称前缀形式),第二种是使用在操作数的后面(简称后缀形式),针对运算对象来说,它们都是给运算对象加 1或减 1,但出现在表达式中时略有不同。进行＋＋或－－运算构成的表达式称为自增或自减表达式。例如:

设有变量 int x,y;赋值语句:x＝1;y＝1;则下列表达式的值:

```
x++;                  //变量 x 自加以后变成新值 2
++x;                  //变量 x 自加以后变成新值 2
```

－－运算同理:

```
4 + (y++)             //表达式的结果为 5,变量 y 的值为 2
4 + (++y)             //表达式的结果为 6,变量 y 的值为 2
```

总之,对于前缀形式和后缀形式,对运算对象本身来说都是自加 1 或自减 1,而出现在表达式中时,前缀形式是先计算后使用,后缀形式是先使用后计算。

注意:

① x＋＋和 x＋1 是不同的表达式,x＋＋的值为 x 的原值,x 的值为增 1 后的值,x＋1的值为 x 的值加上 1 后的结果,运算前后 x 的值不变。

② ＋＋x 和 x＋＝1 及 x＝x＋1 的作用是完全相同的。

③ 在程序设计中,为了提高程序的效率,需要用技巧把程序写得尽可能简洁一些,可读

性差的程序容易隐藏错误且难于纠正,不易维护,降低了程序的可靠性。因此,在 C++程序设计中,要慎重使用自增、自减运算符,特别是在一个表达式中不要多处出现变量的自增、自减等运算。

(4) 测类型长度的运算符及其表达式

该运算符的使用格式为:

sizeof(<类型名或表达式>)

运算结果是类型名所表示类型的长度或表达式的值所占用的字节数,即这个值所属类型的长度。例如:

```
sizeof(int)              //结果为 4
sizeof(3)               //结果为 4
sizeof('A')             //结果为 1
double x; sizeof(x) ;    //结果为 8
```

(5) 强制类型转换

前面已经详细介绍了强制类型转换的概念,这里用例子进一步说明一下,例如:

假定 x 为 int 型,其值为 80,r 为字符型,其值为'd',对应的 ASCII 值为 100,则:

```
float(x)                //结果为单精度数据 80.0
char(x)                 //结果为字符 P
int(r)                  //结果为整数 100
double(5 * x + 6)        //结果为双精度数 406.0
```

(6) 按位操作运算符及其表达式

按位操作运算符要求操作数必须是整型、字符型和逻辑型数据,其运算符如表 2-3 所示。

表 2-3　位运算符

运 算 符	功 能	示例
左移(<<)	一个数按位左移多少位将通常使结果比操作数扩大 2 的多少次幂	3<<2
右移(>>)	一个数按位右移多少位将通常使结果比操作数缩小至 2 的多少次幂分之一	16>>2
按位取反(~)	使结果为操作数的按位反,即 0 变 1 和 1 变 0	~3
按位与(&)	使结果为两个操作数的对应二进制位的与,1 和 1 的与得 1,否则为 0	3&4
按位或(|)	使结果为两个操作数的对应二进制位的或,0 和 0 的或得 0,否则得 1	4|6
按位异或(^)	使结果为两个操作的对应二进制位的异或,0 和 1 及 1 和 0 的异或得 1,否则为 0	4^5

注意:

① 按位操作运算符的运算对象必须是二进制数。

② 右移运算时,负数右移后左侧补 1,正数右移后左侧补 0。

(7) 关系运算符及其表达式

关系运算符共有 6 个:小于("<")、小于等于("<=")、大于(">")、大于等于(">=")、等于("==")和不等于("!="),它们都是双目运算符,用来比较两个操作数的大小,运算结果均为逻辑值 0 或 1,也就是说关系成立则结果为逻辑真(1),关系不成立则结果为逻辑假

（0）。由一个关系运算符连接前后两个表达式而构成的式子称为关系表达式。关系表达式通常用来构造简单条件表达式,用在程序流程控制语句中。

假定有如下定义 int x＝2,y＝7;float z＝1.0;,则:

```
x + 10 > y                        //结果为 1
x == y                           //结果为 0
y * 5 <= z + 10                  //结果为 0
```

注意:＝＝和＝的区别,在 C++语言中实型数不能进行判等操作("＝＝"),例如 1.0 与 1.0/3 * 3 在数学中是相等的关系,而在 C++中是不等的。

（8）逻辑运算符及其表达式

逻辑运算符有三个:逻辑非("!")、逻辑与("＆＆")和逻辑或("||"),其中"!"为单目运算符,"＆＆"和"||"是双目运算符。逻辑运算符的对象是逻辑值 0 或 1,若它不是一个逻辑值,则对于非 0 值首先转换为逻辑值 1,对于 0 值转换为逻辑值 0。总之,任何一个具有 0 或非 0 取值的式子都可以作为逻辑表达式使用。逻辑运算的结果是一个逻辑值 0 或 1。由逻辑型数据和逻辑运算符连接而成的式子称为逻辑表达式,一般用来构造比较复杂的条件表达式,具体运算规则如表 2-4 所示。

表 2-4　逻辑运算符运算规则

运算符	功　能	示例
!	逻辑非是对操作对象取反,当操作对象为 1 时,则运算结果为 0,若操作对象为 0,则运算结果为 1	!6
＆＆	逻辑与的结果是当两个操作对象都为 1 时,其值为 1,否则为 0	x＋5＆＆y－7
||	逻辑非的结果是当两个操作对象都为 0 时,其值为 0,否则为 1	z * 5||x－3

例如:

```
!6                  //这里的运算对象为 6,6 是非零数,所以当真处理,因此结果为 0
```

假设有变量定义 int x＝4,y＝7,z＝2;,则下列逻辑表达式的运算如:

```
x + 5&&y - 7        //x＋5 的结果为 9,y－7 的结果为 0,所以该表达式的结果为 0
z * 5||x - 3        //z * 5 的结果为 10,x－3 的结果为 1,所以该表达式的结果为 1
```

（9）条件运算符及其表达式

条件运算符("?:")是 C++语言中唯一的一个三目运算符,其使用的语法格式为:

```
<表达式 1>?<表达式 2>:<表达式 3>;
```

运算过程:首先计算<表达式 1>,若其值为非 0 则计算出<表达式 2>的值,这个值就作为整个表达式的值;若<表达式 1>的值为 0,则计算出<表达式 3>的值,它作为整个表达式的值。例如:

有变量定义:int x＝8,y＝10;

则表达式:(x>y)?x:y　　　//该条件表达式的结果为 10

（10）逗号运算符及其表达式

逗号运算符是一种顺序运算符,对于分别用逗号分开的若干个表达式,每个逗号都称为

逗号运算符,合起来称为逗号表达式。其语法格式为:

<表达式1>,<表达式2>,<表达式3>,…<表达式n>;

运算过程:按照每个子表达式从左到右出现的先后次序依次计算出它们的值,最后一个子表达式的值就是整个表达式的值。例如:

```
int   x = 4;
x + 4,x++,++x,x + 5;              //该逗号表达式的结果为 11
```

(11) 圆括号运算符及其表达式

在 C++语言中,运算符比较多,级别划分得也比较麻烦,往往不容易正确地记住每个运算符的优先级,因此也就不容易把它们正确地使用在复杂的表达式中。使用圆括号可以改变运算符的优先级,使得括号内的运算优先进行,这与数学上的含义相同。

为了使表达式中每个运算符的运算次序按照希望的次序进行,使用圆括号进行限制,即使有时是多余的,也没有关系,因为它还能够使表达式更加清晰,提高程序的可读性。如下列表达式:

x * 5 + 51/(y − 2)

该表达式的计算过程是:先计算 x * 5,然后计算 y−2,接着计算 51/(y−2),最后求两个子表达式的结果之和。若无圆括号,则该表达式先计算 x * 5,然后计算 51/y,接着计算前两个子表达式结果之和,最后计算和减去 2。由此可见,圆括号在表达式中可以改变运算符的运算优先级。

(12) new 和 delete

在 C 语言中,动态内存的分配与释放用函数 malloc()和 free()来进行,而在 C++语言中提供了操作符 new 和 delete 来做同样的工作,而且后者比前者更方便、易懂。

利用运算符 new 来分配内存空间的基本语法格式为:

指针变量 = new 类型名;

说明:该语句在程序的运行过程中从"堆"的一块自由存储区中为程序分配一块 sizeof (类型名)字节大小的内存空间,该内存空间的首地址存于指针变量中。

利用运算符 delete 来释放运算符 new 分配的内存空间。其基本语法格式为:

delete 指针变量;

new 和 delete 的功能类似于 malloc()和 free(),但是它们有以下优点:

- new 可以自动计算所需内存的类型大小,而不必使用 sizeof()来计算所需的字节数。
- new 能够自动返回正确的指针类型,不必对返回指针再做强制类型转换。
- 可以用 new 将分配的对象初始化。
- new 和 delete 都可以被重载,C++允许建立自定义的内存管理算法。

但是,需要注意的是:

- 用 new 分配的空间在使用之后要用 delete 显式地释放,否则这部分空间将不能被回收而成为死空间。
- 使用 new 分配内存空间时,如果没有足够的内存满足分配需求,new 将返回空指针

NULL,因此通常要对内存的分配是否成功进行检查。如果内存分配失败,则屏幕上会显示"allocation failure"。

- 使用 new 可以为数组分配内存空间,这时需要在类型名后面缀上数组的大小。其语法形式是:

指针变量 = new 类型名[下标表达式];

- 释放动态分配的数组存储空间时,可用 delete 运算符,其语法格式为:

delete [ ]指针变量;

- new 可以为简单变量分配内存空间的同时进行初始化。其语法格式为:

指针变量 = new 类型名(初始值列表);

具体实例读者可自行设计、验证。

2.2.7　语句

C++提供了表达式语句、空语句、复合语句、分支语句以及循环语句。分支语句和循环语句将在第 3 章进行详细介绍。

1. 表达式语句

在 C++语言中,任何一个表达式加上分号(";")就构成了表达式语句,前面所讲述的赋值表达式、算术表达式、关系表达式等在其语句后加上分号,即为对应的表达式语句。例如:

```
x++;
x = y * 2 - 7;
```

2. 空语句

空语句仅由一个分号组成,不进行任何操作。一般用于语法上要求有一条语句但实际没有任何操作的场合。其语法格式为:

```
;
```

3. 复合语句

复合语句由一对花括号("{ }")括起来的若干条语句构成。复合语句在语法上相当于一条语句。例如:

```
if(x > y)
{
    x += 4;
    z = x;
}
else
{
    x -= 4;
    z = x;
}
```

2.3　数据的输入与输出

程序执行期间,从外部设备接收数据的操作称为输入,向外部设备发送数据的操作称为输出。

2.3.1　I/O 流

C/C++语言本身并不具备输入/输出(即 I/O)功能,而是提供了输入/输出库,也称为 I/O 库。通过 I/O 库,可以完成输入和输出的操作。大多数 C 程序使用一个称为 stdio(标准 I/O)的 I/O 库,这个库中不仅定义了面向控制台(显示器和键盘)的输入/输出,还分别定义了文件输入/输出函数和面向内存的输入/输出函数,该库也能够在 C++中使用。在 C++程序中,一种称为 iostream(I/O 流库)的 I/O 库使用得更为广泛。在 C++语言中,I/O 使用了流的概念。每一个 I/O 设备传送和接收的一系列字符,称为流。输入操作可以看成是字节从一个外部设备流入内存,而输出操作可以看成是字节从内存流出到一个外部设备。要使用 C++标准的 I/O 流库的功能,需要包括两个头文件:iostream 和 iomanip。形式如下:

```
# include < iostream.h >
# include < iomanip.h >
```

Iostream 文件提供基本的输入/输出功能,iomanip 文件提供格式化的功能。通过包含 iostream 流库,内存中就创建了一些用于处理输入和输出操作的对象。标准的输入流对象(通常是键盘)为 cin,标准的输出流对象(通常是显示器)为 cout。

2.3.2　预定义的插入符和提取符

cin 用来在程序执行期间给一个变量或多个变量输入数据,一般语法格式为:

cin >> 变量名 1[>> 变量名 2 >> …>> 变量名 n];

其中,">>"称为提取运算符,程序执行到这条语句时便暂停下来,等待用户从键盘输入相应数据,直到列出的所有变量均获得值后,程序才继续执行。例如:

```
int a;
double b;
cin >> a >> b;
```

说明:从键盘输入一个整数和实数,数据之间用空格符、制表符或 Enter 键间隔。

cout 实现将数据输出到显示器,一般语法格式为:

cout << 表达式 1[<< 表达式 2 <<…<< 表达式 n];

其中,"<<"称为插入运算符,它将紧跟其后的表达式的值输出到显示器光标位置处。例如:

```
int a = 1;
cout << a;                              //输出变量 a 的值,但不换行
```

```
cout << a + 1 << endl;                        //计算 a + 1,并将其结果输出,同时换行
cout <<"The rusult is:"<< a + 1 << endl;      //先输出字符串,再输出 a + 1 的值,最后换行
```

提取运算符>>和插入运算符<<借用了右移和左移运算符,并赋予了新的含义,称之为运算符重载。提取运算符>>和插入运算符<<可以直接对基本数据类型进行输入输出操作。

2.3.3　简单的 I/O 格式控制

1. 字符的输入输出

用 cin 为字符变量输入数据时,输入的各字符之间可以有间隔,也可以无间隔,系统会自动跳过输入行中的间隔符。例如:

```
char ch1,ch2,ch3,ch4;
cin >> ch1 >> ch2 >> ch3 >> ch4;
```

程序执行过程中的输入:

```
a b
cd
```

则系统分别将字符'a'、'b'、'c'、'd'赋给变量 ch1、ch2、ch3、ch4。

注意:

(1) 从键盘输入数据的个数、顺序、类型必须与 cin 中所列出的变量一一对应,否则将造成输入数据错误,同时影响后面数据的提取,而且很多情况下程序并不给出这样的错误提示。

(2) 如果希望将键盘输入的所有字符(包括间隔符)都作为输入字符赋给字符变量,则必须使用函数 cin.get()。cin.get()函数一次只能提取一个字符,其语法格式为:

```
cin.get(字符变量);
```

例如:

```
char c1,c2,c3,c4;
cin.get(c1);
cin.get(c2);
cin.get(c3);
cin.get(c4);
```

程序执行过程中的输入:

```
a b
cd
```

则系统将字符'a'、' '、Enter、'c'分别赋给变量 c1、c2、c3、c4;输入缓冲区中保留字符'd'和 Enter。

(3) 关于输出,不仅字符,所有类型的数据在输出时数据间均无间隔,如果需要间隔,则可在数据间插入间隔符,如\t、\n 或 endl 等。

2. 非十进制整型数据的输入输出

默认情况下,整型数据是十进制的输入输出,如果要求按八进制、十六进制格式输入输

出,在 cin 或 cout 中必须指明相应的数据进制。C++语言中用 oct 表示八进制,hex 表示十六进制,dec 表示十进制(默认)。

【例 2-5】 输出格式控制的应用案例。

题目:格式输出控制符的验证。

```
#include<iostream.h>
void main()
{
    int a,b,c,d,e;
    cout<<"please input five numbers(a-dec,b-oct,c-hex,d-hex,e-dec):"<<endl;
    cin>>a;
    cin>>oct>>b;
    cin>>hex>>c;
    cin>>d;
    cin>>dec>>e;
    cout<<"hex:a="<<hex<<a<<endl;
    cout<<"dec:b="<<dec<<b<<endl;
    cout<<"dec:c="<<c<<endl;
    cout<<"oct:d="<<oct<<d<<endl;
    cout<<"oct:e="<<oct<<e<<endl;
    cout<<dec<<endl;
}
```

程序运行时,输入:

```
12 17 a2 ff 10
```

其运行结果如图 2-3 所示。

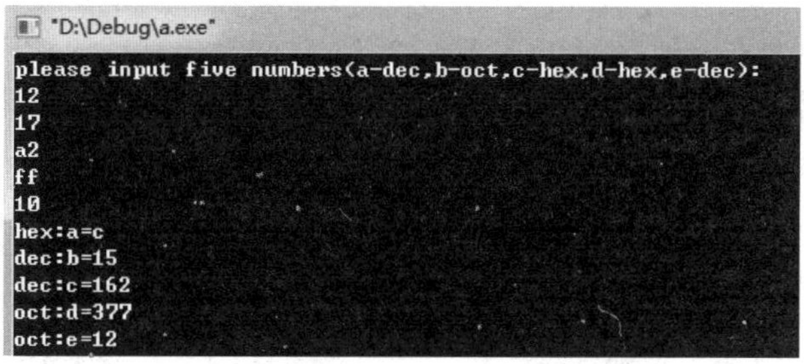

图 2-3 例 2-5 运行结果

2.4 综合案例——公司人员管理系统 2

在第 1 章中对公司人员管理系统做了需求分析,确定系统中包括公司经理、销售经理、技术人员和销售人员 4 类人员。在系统中需要存储这些人员的相关信息,包括姓名、编号、级别以及月薪(月薪需要计算)。因此,在定义过程中需要定义一些变量。例如:

```
double ManagerSalary;                    //经理固定月薪,double 类型
```

```
double SalesManagerSalary;              //销售经理固定月薪
double SaleManagerPercent;              //销售经理提成
double SalesPercent;                    //销售人员提成
double WagePerHour;                     //技术人员小时工资
int ID;                                 //员工编号,int 类型
char name[10];                          //员工姓名,字符数组类型
int duty;                               //员工岗位
    ⋮
```

具体程序中涉及的中间变量可以根据情况随时定义。

2.5　小结

本章对程序设计所涉及的基础知识做了详细介绍,包括数据类型(预定义类型和用户自定义类型)、常量、变量以及表达式等。对用户自定义类型中有一些易错地方进行了重点说明;对由运算符与运算对象连接而成的表达式种类(包括算术表达式、关系表达式、逻辑表达式、赋值表达式以及逗号表达式等)进行了详细说明。还重点说明了表达式中运算符的运算优先级以及结合性,这在程序中的应用极易出错,特别用表格形式清晰地表明了运算符的优先级和结合性。

习题 2

1. 选择题

(1) 一个最简单的 C++程序,可以只有一个(　　　)。

(A) 库函数　　　　(B) 自定义函数　　　　(C) main 函数　　　　(D) 空函数

(2) 用 C++语言编写的源程序要成为目标程序必须要经过(　　　)。

(A) 解释　　　　(B) 汇编　　　　(C) 编辑　　　　(D) 编译

(3) 执行 C++程序时出现的"溢出"错误属于(　　　)错误。

(A) 编译　　　　(B) 连接　　　　(C) 运行　　　　(D) 逻辑

(4) 在下列选项中,全部都是 C++关键字的选项为(　　　)。

(A) while　IF　Static　　　　(B) break　char　go

(C) sizeof　case　extern　　　　(D) switch　float　integer

(5) 按 C++标识符的语法规定,合法的标识符是(　　　)。

(A) _abc　　　　(B) new　　　　(C) π　　　　(D) "age"

(6) 在 C++语句中,两个标识符之间的(　　　)不能作为 C++的分隔符。

(A) 数字　　　　(B) ;　　　　(C) :　　　　(D) ＋

(7) 有以下变量说明,其中不正确的赋值语句是(　　　)。

int a = 5, b = 10, c; int *p1 = &a, *p2 = &b;

(A) *p2 = b;　　　　(B) p1 = a;

（C）p2 = p1;　　　　　　　　　　（D）c = *p1 *(*p2);

（8）有以下变量说明，其中正确的语句是（　　）。

int a = 10, b;　 int &pa = a, &pb = b;

　　（A）&pb = a;　　　（B）pb = pa;　　　（C）pb = &pa;　　　（D）*pb = *pa;

（9）执行下面语句序列后，a 和 b 的值分别为（　　）。

int a = 5, b = 3, t;
int &ra = a;
int &rb = b;
t = ra; ra = rb; rb = t;

　　（A）3 和 3　　　　　（B）3 和 5　　　　　（C）5 和 3　　　　　（D）5 和 5

（10）下列正确的八进制整型常量表示是（　　）。

　　（A）0a0　　　　　　（B）015　　　　　　（C）080　　　　　　（D）0x10

2. 根据下列数学表达式写出 C++算术表达式。

（1）$\dfrac{1}{1+\dfrac{1}{1+\dfrac{1}{x+y}}}$

（2）$x\{x[x(ax+b)+c]+d\}+e$

（3）$\ln\left(1+\left|\dfrac{a+b}{a-b}\right|^{10}\right)$

（4）$\sqrt{1+\dfrac{\pi}{2}\cos48°}$

（5）$\cot\left(\dfrac{1-x^2}{1+x^2}\right)$

（6）$\lg(a2+ab+b2)$

第3章

程序设计结构

本章学习目标

- 了解并掌握程序设计的三种基本结构；
- 理解并掌握算法的概念及其特点；
- 了解 continue 与 break 语句的使用；
- 理解并掌握三种结构的混合应用。

本章主要讲述程序设计的三种基本结构：顺序结构、选择结构和循环结构，以及利用这三种结构完成复杂的程序设计；两个特殊的语句 continue 和 break，需要掌握这两个特殊语句的应用环境以及含义；同时讲述算法的概念以及相关的特点，要求读者对算法有一个明确的认识。

3.1 算法的基本控制结构

所谓的程序就是规定了计算机执行的动作和动作的顺序。一个程序应包括以下两方面的内容：

（1）对数据的描述。在程序中要指定数据的类型和数据在内存中的组织形式，即数据结构。

（2）对操作的描述。即程序的操作步骤，也就是我们常说的算法的概念。

数据是操作的对象，操作的目的是对数据进行加工处理，以得到期望的结果。作为程序设计人员，必须认真考虑并设计数据结构和操作步骤。

1. 算法的概念

算法就是解决问题的步骤序列。对于同一个问题可以有不同的解决方法和步骤，也就是说相同问题可能有多种不同的算法，一般应当从众多的可行的算法中选择简单、精练、运算快且内存开销小的算法。

2. 算法的特点

算法是用来解决问题的方法，一个好的算法应满足以下几个特征：

- 可行性，指的是算法中的每一步都是计算机可以执行的，并能得到有效的结果。

- 确定性,指的是算法中的每一步必须有明确定义,不能让人产生任何歧义。
- 有穷性,指的是算法必须在执行有限步骤后正常结束,而不能是无限地执行下去(即陷入死循环)。
- 至少有一个输出,可以有若干个输入。输入信息就是算法所要加工的对象,输出信息就是算法所解决问题的最终结果。大多数算法需要输入信息,这些输入信息可以是通过键盘输入的数据,也可以是程序其他部分传递给算法的数据。同时,所有算法都至少要有一个输出(明确最终算法的结果)。

3. 算法描述的三种基本结构

对算法的理论研究和实践表明,任何算法的描述都可以分解为三种基本结构或者是它们的组合,这三种基本结构是顺序结构、分支结构(选择结构)和循环结构(重复结构)。下面分别详细介绍这三种基本结构。

3.2　顺序结构

所谓的顺序结构就是按照语句出现的先后顺序依次运行。

【例 3-1】 顺序结构应用案例 1。

题目:要求用户通过键盘输入一直角三角形的底长和高,然后计算出此直角三角形的面积。

```cpp
#include<iostream.h>
void main()
{
    float x,h,area;
    cout <<"please input two numbers:"<< endl;
    cin >> x >> h;
    cout <<"x = "<< x <<",h = "<< h << endl;
    area = 1.0/2 * x * h;
    cout <<"area = "<< area << endl;
}
```

其运行结果如图 3-1 所示。

【例 3-2】 顺序结构应用案例 2。

题目:通过程序设计实现求任意两个实型数据的和。

```cpp
#include<iostream.h>
void main()
{
    float x,y,add;
    cout <<"please input two numbers:"<< endl;
    cin >> x >> y;
    cout <<"x = "<< x <<",y = "<< y << endl;
    add = x + y;
    cout << x <<" + "<< y <<" = "<< add << endl;
}
```

其运行结果如图 3-2 所示。

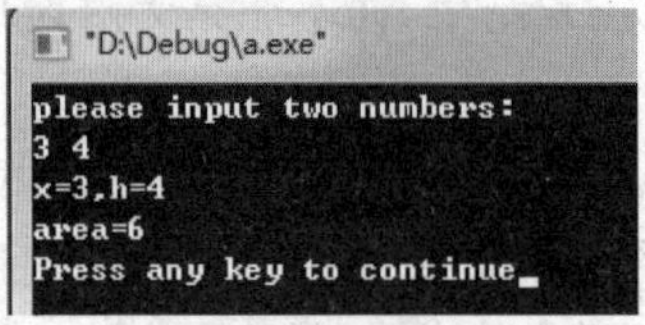

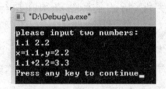

图 3-1　例 3-1 运行结果　　　　　　　　图 3-2　例 3-2 运行结果

3.3　分支结构

分支结构也称选择结构,是通过分支语句来实现的程序设计结构,其执行过程是根据给定条件决定选择哪一条语句来执行。主要细化包括单分支语句、双分支语句和多分支语句。分别用 if 语句、if…else 语句、if…else 的嵌套以及 switch 语句来实现。

3.3.1　单分支结构

在 C++中利用 if 语句来实现单分支结构,if 语句也称为条件语句,其功能是根据给定的条件选择程序的执行方向。if 语句的基本语法格式为:

if(表达式)
　语句

说明:

(1) if 是 C++语言中的关键字,后面紧邻的是表达式,该表达式可以是 C++中任何合法的表达式。

(2) 计算过程:首先计算表达式,表达式值为非零(真)则执行语句,若表达式值为零(假)则跳过语句,执行 if 语句的后续语句。

(3) 语句要求是一条语句,若一条语句不能完成功能需要多条语句时,则应采用复合语句。

【例 3-3】　单分支结构应用案例 1。

题目:通过键盘输入任意两个整数,输出较大的数。

```cpp
# include < iostream. h >
void main()
{
  int a,b,max;
  cout <<"请输入两个数字:";
  cin >> a >> b;
  if(a > b)
    max = a;
  if(a <= b)
    max = b;
  cout <<"两个数中较大的是:"<< max << endl;
}
```

其运行结果如图 3-3 所示。

【例 3-4】　单分支结构应用案例 2。

题目：通过键盘输入任意两个整数，要求第一个数中放大数，第二个数中放小数。

```cpp
#include<iostream.h>
void main()
{
    int a,b,t;
    cout<<"请输入两个数字:";
    cin>>a>>b;
    cout<<"交换前的结果:"<<a<<","<<b<<endl;
    if(a<b)
    {
        t=a;
        a=b;
        b=t;
    }
    cout<<"交换后的结果:"<<a<<","<<b<<endl;
}
```

其运行结果如图 3-4 所示。

图 3-3　例 3-3 运行结果　　　　图 3-4　例 3-4 运行结果

3.3.2　双分支结构

在 C++语言中利用 if…else 语句能够实现双分支结构。其语句的基本语法格式为：

```
if(表达式)
    语句1
else
    语句2
```

说明：

（1）if…else 是 C++中的关键字，if 后的表达式可以是 C++中任意合法的表达式。

（2）执行过程：

① 计算表达式，若表达式结果为非零则执行步骤②，否则执行步骤③。

② 执行语句 1，接着执行步骤④。

③ 执行语句 2，接着执行步骤④。

④ 执行分支语句的后续语句。

（3）语句 1、语句 2 要求是一条语句，若一条语句不能把功能完成，则需要多条语句时需要使用复合语句。

（4）else 语句不能单独使用，必须与 if 配对使用。

【例 3-5】 双分支结构应用案例 1。

题目：利用双分支结构改写例 3-3，实现两个数中输出较大数。

```
# include < iostream.h >
void main()
{
    int a,b,max;
    cout <<"请输入两个数字:";
    cin >> a >> b;
    if(a > b)
        max = a;
    else
        max = b;
    cout <<"两个数中较大的是:"<< max << endl;
}
```

其运行结果如图 3-5 所示。

【例 3-6】 双分支结构应用案例 2。

题目：通过键盘输入任意一个年份，判断该年份是否为闰年（闰年的条件是：年份可以被 4 整除但是不能被 100 整除，或者年份可以被 400 整除）。

图 3-5　例 3-5 运行结果

```
# include < iostream.h >
void main()
{
    int year;
    cout <<"请输入一个年份(四位): ";
    cin >> year;
    if((year % 4 == 0 && year % 100!= 0)||(year % 400 == 0))
        cout << year <<"是闰年!"<< endl;
    else
        cout << year <<"不是闰年!"<< endl;
}
```

其运行结果如图 3-6 所示。

(a)　　　　　　　　　　(b)

图 3-6　例 3-6 运行结果

3.3.3　多分支结构

在 C++语言中多分支结构有两种形式：一种是分支结构中内嵌分支结构，另一种是 switch 语句。

1. 分支结构内嵌的多分支结构

在分支语句中,内嵌的语句可以是任意语句。因此,分支语句中也可以是分支语句,形成分支的嵌套结构,称为嵌套的条件语句。其一般格式为:

```
if(表达式 1)            if(表达式 1)
  if(表达式 2)            if(表达式 2)
    语句 1                  语句 1
                        else
                            语句 2

if(表达式 1)            if(表达式 1)
  语句 1                  语句 1
else                    else
  if(表达式 2)            if(表达式 2)
    语句 2                  语句 2
                        else
                            语句 3
```

注意：在 C++ 语言中,只有 if 语句或者 if…else 语句,没有单独的 else 语句,在 C++ 语言中规定 else 总是与它上面紧邻的没有 else 配对的 if 配对。

【**例 3-7**】　多分支结构的应用案例 1。

题目：将键盘输入的百分制成绩转换成五级计分制的成绩输出。五级计分制成绩确定规则：'A'(90～100)、'B'(80～89)、'C'(70～79)、'D'(60～69)、'E'(60 分以下,不包括 60)。

```cpp
# include < iostream. h >
void main()
{ int score;
  char grade;
  cout <<"请输入一个分数值(0～100):";
  cin >> score;
  if(score >= 90&& score <= 100)
      grade = 'A';
  else if(score >= 80 && score <= 89)
      grade = 'B';
  else if(score >= 70 && score <= 79)
      grade = 'C';
  else if(score >= 60 && score <= 69)
      grade = 'D';
  else
      grade = 'E';
  cout << score <<"分所处的等级为:"<< grade << endl;
}
```

其运行结果如图 3-7 所示。

(a)　　　　　　　　　　　(b)

图 3-7　例 3-7 运行结果

【例 3-8】 多分支结构的应用案例 2。

题目：用户通过键盘输入任意一个年份与月份，自动显示该年的当月所包含的天数。

```cpp
# include < iostream. h>
void main()
{
    int year,month,day;
    cout <<"请输入一个年份(四位): ";
    cin >> year;
    cout <<"请输入一个月份: ";
    cin >> month;
    if(month == 1 ||month == 3 ||month == 5 ||month == 7 ||month == 8 ||month == 10 ||month == 12)
        day = 31;
    else if(month == 4||month == 6||month == 9||month == 11)
        day = 30;
    else
     {
        if(year % 4 == 0 &&year % 100!= 0)
           day = 29;
        else
           day = 28;
     }
    cout << year <<"年"<< month <<"月有"<< day <<"天"<< endl;
}
```

其运行结果如图 3-8 所示。

2. switch 语句

switch 语句是开关语句,也称为多分支结构。它可以根据给定的条件,从多个分支语句中选择执行其中某一个分支。其语句格式为:

图 3-8　例 3-8 运行结果

```
switch(表达式)
{
    case 常量表达式 1:[语句序列 1];[break;]
    case 常量表达式 2:[语句序列 2];[break;]
     ⋮
    case 常量表达式 n:[语句序列 n];[break;]
    [default:语句序列]
}
```

说明:

(1) 表达式可以是 C++语言中合法的任意表达式,但是表达式的最终结果必须是整型数据、字符型数据或枚举类型数据。

(2) 常量表达式只能是由字符型常量、整型常量或者枚举类型常量组成的表达式;语句序列是可选的,可以是一条或多条语句组成。

(3) 关键字 break 也是可选的。

(4) default 分支放在开关语句的任何位置,但通常作为开关语句的最后一个分支。default 分支若放在开关语句最后可以省略 break,若放在开关语句的其他位置则后面必须有 break。

（5）其执行过程是：先求表达式的值，再依次与 case 后面的常量表达式比较，若与某一常量表达式的值相等，则转去执行该 case 后的语句序列，一直执行到 break 语句或开关语句的右花括号位置。如果表达式的值与 case 后的任意一个常量表达式的值均不相等，则看是否有 default 分支，有则执行该分支语句，没有则什么都不做，结束开关语句。

注意：

- 当省略 case 后面的语句序列时，则可实现多个入口，执行同一语句序列。
- case 与后面的常量表达式之间要有空格。
- case 后的常量不能相同，但是顺序是任意的。
- case 后面的语句可以是多条语句，这些语句可以不用{ }括起来。

【例 3-9】 多分支结构应用案例 3。

题目：修改例 3-7，利用开关语句实现成绩的等级。

```cpp
#include <iostream.h>
void main()
{ int score;
  char grade;
  cout <<"please input a score:";
  cin >> score;
  switch(score/10)
  {
    case 10:
    case 9:grade = 'A';break;      //若 score/10 结果为 10,则执行 case 9 后的语句序列
    case 8:grade = 'B';break;
    case 7:grade = 'C';break;
    case 6:grade = 'D';break;
    default:grade = 'E';
  }
 cout <<"the grade of score is:"<< grade << endl;
}
```

其运行结果如图 3-9 所示。

该例题中，读者可以去掉程序中的 break，演示一下程序，看看运行结果，试着理解 break 在此结构中的作用。

【例 3-10】 多分支结构应用案例 4。

题目：设计一个小型计算器，能够实现加、减、乘、除和乘方的运算。

```cpp
#include <iostream.h>
#include <math.h>
void main()
{
  float x1,x2;
  char op;
  cout <<"请输入两个数值:";
  cin >> x1 >> x2;
  cout <<"请输入一个运算符:";
  cin >> op;
```

```
switch(op)                          //字符类型表达式
  {
    case '+':cout << x1 + x2 << endl;break;
    case '-':cout << x1 - x2 << endl;break;
    case '*':cout << x1 * x2 << endl;break;
    case '/':cout << x1/x2 << endl;break;
    case '^':cout << pow(x1,x2)<< endl;break;
    default:cout <<"the error of operator!"<< endl;
  }
}
```

其运行结果如图 3-10 所示。

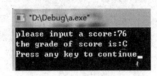

图 3-9　例 3-9 运行结果

图 3-10　例 3-10 运行结果

【例 3-11】　多分支结构应用案例 5。

题目：应用枚举类型值进行输入值的判断，通过输入 0 显示 male，输入 1 显示 female。

```
#include < iostream. h >
void main()
{
enum sex{male,female}s;
int n;
cout <<"请输入一个整数(0—male,1—female): ";
cin >> n;
switch(n)
{
  case 0:s = male;break;                    //0 对应 male,1 对应 female
  case 1:s = female;break;
  default:cout <<"您的输入错误!\n";
}
switch(s)
 {
  case male:cout <<"male\n";break;          //注意 break 语句的使用
  case female:cout <<"female\n";
 }
}
```

其运行结果如图 3-11 所示。

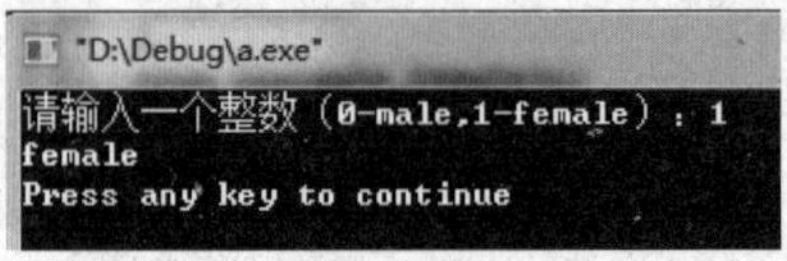

图 3-11　例 3-11 运行结果

3.4 循环结构

循环结构也称为重复结构,其语法要求是在一定的条件下反复执行同一动作,直到该条件失效。在 C++语言中,循环结构包括 for 语句、while 语句和 do…while 语句。

3.4.1 for 语句

for 语句的语法格式为:

```
for(表达式 1;表达式 2;表达式 3)
    循环体
```

说明:

(1) for 是 C++语言中的关键词,不能省略。

(2) 表达式 1、表达式 2 和表达式 3 可以是 C++任意合法的表达式,这三个表达式均可以省略,但是分号不允许省略;循环体原则上要求是一条语句,若需要多条语句实现功能时需要采用复合语句。

(3) 其执行过程如下:

① 计算表达式 1;

② 计算表达式 2,若表达式 2 的结果为非 0,则执行步骤③,否则转向步骤④;

③ 执行语句,计算表达式 3,转到步骤②;

④ 结束循环,执行 for 语句的后续语句。

【例 3-12】 循环结构应用案例 1。

题目:用 for 循环实现求 1~100 之间所有偶数的和。

```cpp
#include <iostream.h>
void main()
{
  int i = 0,sum = 0;
  for(;i<=100;)                          //表达式 1 和表达式 3 省略
    {
      sum += i;
      i = i + 2;
    }
  cout <<"sum = "<< sum << endl;
}
```

其运行结果如图 3-12 所示。

【例 3-13】 循环结构应用案例 2。

题目:输出所有的"水仙花数"。所谓"水仙花数"是指一个三位数,其各位数字立方和等于该数本身。(例如,$1^3+5^3+3^3=153$,153 是水仙花数)

```cpp
#include <iostream.h>
void main()
```

```
{
    int i,j,k,n;
    cout <<"水仙花数有: ";
    for(n = 100;n < 1000;n++)
     {
        i = n/100;
        j = n/10 - i * 10;
        k = n % 10;
        if(n == i * i * i + j * j * j + k * k * k)
            cout << n <<" ";
     }
    cout << endl;
}
```

其运行结果如图 3-13 所示。

图 3-12　例 3-12 运行结果

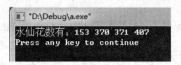

图 3-13　例 3-13 运行结果

3.4.2　while 语句

while 语句的格式:

```
while(表达式)
    循环体
```

说明:

(1) while 是 C++语言中的关键词,不能省略。

(2) 表达式是 C++中任意合法表达式; 循环体是 C++中任意语句,如果是由多条语句组成的,需要用复合语句实现。

(3) 执行过程如下:

① 计算表达式,若表达式结果为非 0,则执行步骤②,否则执行步骤③。

② 执行循环体。

③ 停止循环,执行循环语句的后续语句。

【例 3-14】 循环结构应用案例 3。

题目:用 while 循环实现求 1~100 之间所有偶数的和。

```
# include < iostream. h>
void main()
{
    int i = 0, sum = 0;
    while(i < = 100)
     {
        sum += i;
        i = i + 2;
```

```
        }
    cout << "sum = " << sum << endl;
}
```

其运行结果如图 3-14 所示。

【例 3-15】 循环结构应用案例 4。

题目：编写程序,实现求任意两个正整数的最大公约数和最小公倍数。

```
# include < iostream. h>
void main()
{
    int m, n, r, temp, p;
    cout << "请输入两个数值:";
    cin >> m >> n;
    if(m < n)
    {
        temp = m;
        m = n;
        n = temp;
    }
    p = m * n;
    while(n != 0)
    {
        r = m % n;
        m = n;
        n = r;
    }
    cout << "最大公约数是: " << m << endl;
    cout << "最小公倍数是: " << p/m << endl;
}
```

其运行结果如图 3-15 所示。

图 3-14 例 3-14 运行结果　　　　图 3-15 例 3-15 运行结果

3.4.3 do…while 语句

do…while 语句的语法格式为：

```
do
    循环体
while(表达式);
```

说明：

(1) do 和 while 是 C++语言中的关键字,不能省略；同时表达式后面的分号不能省略。

（2）表达式可以是 C++ 中任意合法表达式，循环体要求是一条语句，若需要多条语句时，需要使用复合语句。

（3）其执行过程如下：

① 进入循环开始执行循环体。

② 计算表达式，若表达式结果为非 0，则执行步骤①，否则执行步骤③。

③ 退出循环，执行循环以后的后续语句。

【例 3-16】　循环结构应用案例 5。

题目：用 do…while 循环结构实现求 1～100 之间所有偶数的和。

```cpp
# include < iostream. h >
void main()
{
  int i = 0, sum = 0;
  do
  {
    sum += i;
    i = i + 2;
  }while( i <= 100);
  cout <<" sum = "<< sum << endl;
}
```

其运行结果如图 3-16 所示。

【例 3-17】　循环结构应用案例 6。

题目：制作一个小游戏，要求：系统自动生成 0～50 之间的随机数 x，用户去猜其具体的数值。

图 3-16　例 3-16 运行结果

要求：

① 若用户猜的数值大于该数，则提示大于该数。

② 若用户猜的数值小于该数，则提示小于该数。

```cpp
# include < iostream. h >
# include < stdlib. h >
void main()
{
  int min = 0, max = 50;
  int x, y;
  x = rand( ) % 50;
  cout <<"系统已经生成随机数(0～50)，请您输入您猜测的数据: ";
  do
  {
    cin >> y;
    if( y > x)
      {
        max = y;
        cout <<"当前数值范围为: "<< min <<" -- "<< max << endl;
      }
    else if( y < x)
      {
```

```
        min = y;
        cout <<"当前数值范围为: "<< min <<" -- "<< max << endl;
      }
    else
        cout <<"您猜对了,您非常棒!"<< endl;
  }while(true);
}
```

其运行结果如图 3-17 所示。

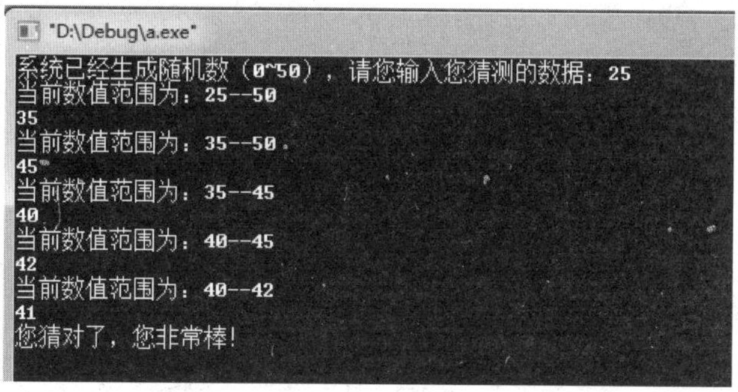

图 3-17 例 3-17 运行结果

总之,通过例 3-12、例 3-14、例 3-16 可以看出,在某些情况下,三种循环语句 for、while 和 do…while 是可以互相替换的。

3.5 其他控制语句

goto 语句也称为无条件转向语句,它可以将程序的执行流程转到程序中的任意位置,通常是从它所在的地方转移到带有标号的语句处。goto 语句与条件语句组合,可形成当型循环和直到型循环。但是对于规模庞大的程序来说,无限制地使用 goto 语句,则会导致程序流程过于复杂,程序跳转混乱,降低程序的可读性和可维护性等。因此,在 C++语言中又提供了功能受到限制的转向语句 break 和 continue 来替代 goto 语句。

1. break 语句

break 语句的语法格式为:

break;

说明:

(1) break 是 C++语言中的关键词,该语句只用在 switch 或循环语句中。

(2) break 语句用在开关语句 switch 中的某个分支语句中,其作用是结束开关语句的执行,并把控制转移到该开关语句之后的第一个语句执行。break 语句用在循环语句的循环体中,当执行到 break 语句时,直接结束该循环语句的执行,把控制转移到紧跟该循环语句之后的语句执行,具体案例在循环结构中介绍。

【**例 3-18**】 break 语句的应用案例。

题目：编程实现模拟 ATM 机的执行流程。

```cpp
#include <iostream.h>
#include <vector>
void main()
{
  int password,Id;
  cout <<"＊＊＊＊＊＊＊＊＊＊＊＊＊＊＊＊＊ 进入自动提款系统 ＊＊＊＊＊＊＊＊＊＊＊＊＊＊＊＊＊ "<< endl;
  cout <<"\n请输入密码: ";
  cin >> password;
  if(password == 142536)
      cout <<"\n欢迎您使用 ATM 系统,请按键选择您所需要的服务"<< endl;
  else
  {
    cout <<"\n您的密码错误,请重新输入"<< endl;
    exit(1);
  }
cout <<"\n 1: 查询"<< endl;
cout <<"\n 2: 取款"<< endl;
cout <<"\n 3: 存款"<< endl;
cout <<"\n 4: 退出"<< endl;
cout <<"\n 请输入您的选择: ";
cin >> Id;
switch(Id)
{
  case 1: cout <<"进行查询操作中……"<< endl;break;
  case 2: cout <<"进行取款操作中……"<< endl;break;
  case 3: cout <<"进行存款操作中……"<< endl;break;
  case 4: exit(1);
  default:cout <<"您的输入有误!"<< endl;
}
}
```

其运行结果如图 3-18 所示。

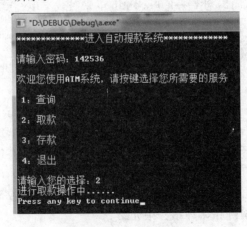

图 3-18　例 3-18 运行结果

2. continue 语句

continue 语句的格式：

continue;

说明：

（1）continue 语句只用在循环语句的循环体中，用于结束本次循环的循环体，提前进入下一次循环。

（2）对于 while 和 do…while 循环来说，若遇到 continue 语句，则跳到该循环的表达式的位置；而对于 for 循环来说，则跳到该循环的表达式处。

【例 3-19】 continue 语句的应用案例。

题目：continue 语句应用在循环语句中，验证 continue 语句的功能。

```
# include < iostream. h>
void main()
{
  int x = 1,n = 10;
  while(n -- > = 0)
  {
    if(x > 4)
      continue;                    //若 x > 4 成立则结束本次循环做下一循环
    cout << x++<<" ";
  }
  cout << endl;
  cout <<"x = "<< x <<",n = "<< n << endl;     //注意 n 的值
}
```

其运行结果如图 3-19 所示。

3. goto 语句

goto 语句的语法格式为：

goto 语句标号;

图 3-19 例 3-19 运行结果

说明：

（1）语句标号是采用标识符来标识程序中某一条语句的，标号无须定义可以直接使用。其格式为：

语句标号：C++语句;

（2）C++语句可以是任意合法的语句，包括空语句。

（3）goto 语句的执行，当程序执行到该语句时，无条件地转移到标有语句标号的位置处执行。goto 语句主要有以下两种用途：

- 从循环体内转移到循环体外，但可用 break 和 continue 替代。只是需要从多层循环体内跳到外层循环体外时才用到 goto 语句。但是这种语法不符合结构化程序设计原则，不提倡使用。

注意：不允许从循环语句的外层转移到循环语句的内层。

- 与 if 语句一起构成循环。

【例 3-20】 goto 语句的应用案例。

题目：利用 goto 语句实现求 1～100 之内偶数的和。

```cpp
# include < iostream. h>
void main()
{
  int i, sum = 0;
  i = 0;
  a: i = i + 2;
  sum += i;
  if(i < 100)
     goto a;
  cout <<" sum = "<< sum << endl;
}
```

其运行结果如图 3-20 所示。

注意：if 后的条件表达式。

图 3-20　例 3-20 运行结果

4. exit( )函数

exit 函数是 C++ 标准库 cstdlib 中的函数，其函数原型为：

```cpp
void exit(int status);
```

说明：

(1) 函数功能：执行该函数时，将终止当前程序的执行并将控制权返还给操作系统。

(2) status 为终止程序的原因，0 表示正常退出，非 0 表示异常退出。

具体应用可以参见例 3-18，这里就不再重复举例了。

3.6　多种结构的嵌套

　　do…while 语句、for 语句和 while 语句都是循环语句，它们之间在某些条件下是可以相通的。首先对三种循环语句简单做一比较：

- for 和 while 语句都是先判断循环条件，循环体有可能会执行若干次，也可能一次都不执行。而 do…while 语句是先执行循环体，后判断循环条件，所以循环体至少要执行一次。因此，对于至少要执行一次循环的程序段，需要使用 do…while 语句，而对于其他的循环结构的程序段，可以使用 for 和 while 语句。
- 由于 for 语句有三个表达式，可分别用于循环变量初始化、循环结束条件和循环控制变量的更新，所以用起来更加清晰、明了。其次是 while 语句，而 do…while 语句相对于前两种语句用得相对较少一些。
- 由于循环的内嵌语句可以使用 C++ 语句中的任意合法语句，因此，循环语句的内嵌语句也可以是一个循环语句，这种情况称为循环的嵌套。

【例 3-21】 结构嵌套的应用案例 1。

题目：若一个数恰好等于它的因子之和，则这个数称为完数。编写程序输出 100 以内

的所有完数。（如 1＋2＋3＝6，而 1、2、3 是 6 的因子，所以说 6 是完数）

```cpp
# include < iostream. h>
void main( )
{
    int i,j,s;
    for(i = 2;i <= 100;i++)
     {
        s = 0;
        for(j = 1;j < i;j++)
          if(i % j == 0)
             s += j;
        if(s == i)
          cout << i <<"是完数。"<< endl;
     }
}
```

其运行结果如图 3-21 所示。

【例 3-22】　结构嵌套的应用案例 2。

题目：求 15 个学生英语课程的平均分。

```cpp
# include < iostream. h>
void main( )
{
  int i;
  float sum = 0,ave,score[15];
  cout <<"请输入 15 个学生的高数成绩：";
  for(i = 0;i < 15;i++)
      cin >> score[i];
  for(i = 0;i < 15;i++)
    sum += score[i];
  ave = sum/15;
  cout <<"这 15 个学生高数课程的平均分为："<< ave << endl;
}
```

图 3-21　例 3-21 运行结果

其运行结果如图 3-22 所示。

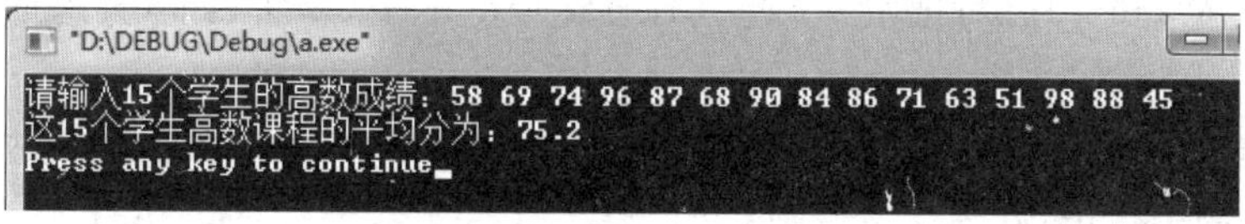

图 3-22　例 3-22 运行结果

【例 3-23】　结构嵌套的应用案例 3。

题目：结构嵌套中 break 和 continue 语句的应用。

```cpp
# include < iostream. h>
void main( )
{
  int i,x = 1,y = 0;
  for(i = 0;i < 10;i++)
```

```
    {
      x += 3;
      if(x > 5)
        {
          cout <<" ** x = "<< x <<"y = "<< y << endl;
          continue;
        }
      y = x + 5;
      cout <<" x = "<< x <<" y = "<< y << endl;
    }
}
```

其运行结果如图 3-23 所示。

若将上例中的 continue 语句改成 break 语句,则运行结果如图 3-24 所示。

图 3-23　例 3-23 运行结果

图 3-24　将 continue 语句改成 break
语句后的运行结果

【例 3-24】　结构嵌套的应用案例 4。

题目:有 n 个数,已按由小到大顺序排列好,要求输入一个数,把它插入到原有数列中,而且仍然保持有序,同时输出新的数列。

分析:通常插入算法应包含以下 4 个主要步骤:

(1) 确定插入位置。

(2) 把从最后一个元素到插入位置的每一个元素中的值,依次向后移动一个位置,即把 a[n] 中的值放入 a[n+1] 中,把 a[n-1] 中的值放入 a[n] 中,以此类推,直到把 a[i] 中的值放入 a[i+1] 中。

(3) 在确定的插入位置上放入 x 的值。

(4) 元素的个数增 1。

```
# include < iostream. h>
void main()
{
  int i,n,j;
  int a[11] = {12,27,35,41,53,67,74,80,96,100};
  cout <<"原数列为: "<< endl;
  for(i = 0;i < 10;i++)
    cout << a[i]<<'\t';
  cout << endl;
```

```
cout <<"输入插入数: "<< endl;
cin >> n;
j = 9;
while(j >= 0&&n < a[j])
 {
    a[j + 1] = a[j];
    j -- ;
 }
a[j + 1] = n;
cout <<"插入后的数组: "<< endl;
for(i = 0;i < 11;i++)
    cout << a[i]<<'\t';
cout << endl;
}
```

其运行结果如图 3-25 所示。

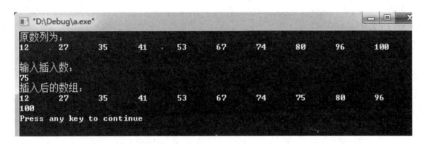

图 3-25　例 3-24 运行结果

3.7　综合案例——公司人员管理系统 3

在公司人员管理系统中,涉及员工的添加、删除、修改以及查询等操作。下面分别来描述各个功能的实现。

```
//员工的添加
void Company::add()
{
  Person * p;
  int duty;
  char Name[10];
  double Amount,T;
  cout <<"\n------------ 新增员工 -------------- "<< endl;
  ++ID;
  cout <<"输入岗位信息(1 - 公司经理,2 - 销售经理,3 - 销售员,4 - 技术员): ";
  cin >> duty;
  cout <<"输入姓名: ";
  cin >> Name;
  if(duty == 3)
  {
    cout <<"本月销售额: ";
```

```cpp
            cin >> Amount;
        }
        else if(duty == 4)
        {
            cout <<"本月工作时间(0 - 168 小时): ";
            cin >> T;
        }
    switch(duty)
    {
        case 1:p = new Manager(ID, Name, duty); break;
        case 2:p = new SalesManager(ID, Name, duty); break;
        case 3:p = new Sales(ID, Name, duty, Amount); break;
        case 4:p = new Technician(ID, Name, duty, T); break;
    }
    p -> next = 0;
    if(Worker)                              //若节点已经存在
    {
        Person * p2;
        p2 = Worker;
        while(p2 -> next)
        {
            p2 = p2 -> next;
        }
        p2 -> next = p;                     //连接节点
    }
    else
    {
        Worker = p;
    }
}
//员工的删除
void Company::delet()
{
    int No;
    cout <<"\n----------- 删除员工 ------------ \n";
    cout <<"ID: ";
    cin >> No;
    Person * p1, * p2;
    p1 = Worker;
    while(p1)
    {
        if(p1 -> No == No)
            break;
        else
        {
            p2 = p1;
            p1 = p1 -> next;
        }
    }
    if(p1 != NULL)
    {
```

```cpp
        if(p1 == Worker)
      {
        Worker = p1 -> next;
        delete p1;
      }
      else
      {
        p2 -> next = p1 -> next;
        delete p1;
       }
      cout <<"找到该员工信息并删除\n";
      }
      else
      cout <<"未找到!!!\n";
      }
//员工信息的修改
void Company::modify()
{
    int No,duty;
    char Name[10];
    double Amount,T;
    cout <<"\n------------- 修改员工信息 ------------- \n";
    cout <<"ID: ";
    cin >> No;
    Person * p1, * p2;
    p1 = Worker;
    while(p1)
    {
      if(p1 -> No == No)
        break;
      else
      {
       p2 = p1;
       p1 = p1 -> next;
    }
    }
    if(p1!= NULL)
    {
      p1 -> output();
      cout <<"调整岗位(1 - 公司经理,2 - 销售经理,3 - 销售员,4 - 技术员): ";
      cin >> duty;
      if(p1 -> duty!= duty)
      {
       cout <<"输入姓名: ";
cin >> Name;
if(duty == 3)
{
    cout <<"本月销售额: ";
    cin >> Amount;
  }
else if(duty == 4)
```

```cpp
{
    cout <<"本月工作时间(0 - 168 小时): ";
    cin >> T;
}
Person * p3;
switch(duty)
{
    case 1:p3 = new Manager(p1 -> No, Name, duty);break;
    case 2:p3 = new SalesManager(p1 -> No, Name, duty);break;
    case 3:p3 = new Sales(p1 -> No, Name, duty, Amount);break;
    case 4:p3 = new Technician(p1 -> No, Name, duty, T);break;
}
p3 -> next = p1 -> next;
if(p1 == Worker)
    Worker = p3;
else
    p2 -> next = p3;
delete p1;
}
else
{
    cout <<"输入姓名: ";
    cin >> p1 -> Name;
    if(duty == 3)
    {
        cout <<"本月销售额: ";
        cin >> Amount;
        ((Sales * )p1) -> setAmount(Amount);
    }
    else if(duty == 4)
    {
        cout <<"本月工作时间(0~168 小时): ";
        cin >> T;
        ((Technician * )p1) -> setT(T);}
    }
    cout <<"修改成功!\n";
}
else
    cout <<"未找到该员工!"<< endl;
}
//查询员工信息
void Company::query()
{
    double sum = 0;
    cout <<" --------- 查询员工本月销售信息 -------- \n";
    Person * p = Worker;
    while(p)
    {
        if(p -> duty == 3)
            sum += ((Sales * )p) -> getAmount();
        p = p -> next;
```

```
    }
p = Worker;
double sum2 = 0;
while(p)
{
    if(p->duty == 2)
        ((SalesManager *)p)->setAmount(sum);
    p->output();
    sum2 += p->earning;
    p = p->next;
}
cout <<"本月盈利: "<< sum * 0.20 - sum2 << endl;
cout <<"按照 20 % 利润计算\n";
}
```

3.8　小结

本章重点介绍了编程中所需要的三种基本结构：顺序结构、选择结构以及循环结构,这三种结构的嵌套可以解决任何复杂的问题。选择结构还细分为单分支结构、双分支结构以及多分支结构,需要注意的是双分支结构中一般在 else 子句中嵌套单分支或者多分支,程序结构更清晰；switch 语句的多分支结构在使用过程中要注意的是 break 语句的使用。在循环结构中有三种：for 语句、while 语句以及 do…while 语句,每一种语句都有自己的特点。此外,还介绍了一些特殊的语句：break 语句、continue 语句以及 goto 语句,由于 goto 语句为无条件转向语句,在程序中出现得多了会引起程序运行的混乱,所以尽量避免使用该语句。

习题 3

1. 输入某学生成绩,若成绩为 85 分以上,则输出 very good；若成绩为 60～85 分,则输出 good；若成绩低于 60 分,则输出 no good。

2. 输入三个整数,按从小到大的顺序输出它们的值。

3. 输入三角形的三条边,判别它们能否形成三角形,若能,则判断是等边、等腰三角形,还是一般三角形。

4. 输入百分制成绩,并把它转换成五级分制,转换公式为：

$$grade(级别)=\begin{cases} A(优秀) & 90～100 \\ B(良好) & 80～89 \\ C(中等) & 70～79 \\ D(合格) & 60～69 \end{cases}$$

5. 求 1000 以内的所有完数。所谓完数,是指一个数恰好等于它的所有因子之和。例如,因为 $6=1+2+3$,所以 6 为完数。

第4章

函　数

本章学习目标

- 了解并掌握函数的定义；
- 理解并掌握内联函数的定义及应用；
- 了解带默认形参值的函数；
- 理解并掌握函数重载；
- 了解常用的系统函数。

　　本章主要讲述函数的概念以及函数的分类及应用；对函数的定义、声明、调用等操作利用案例进行详细的阐述；侧重介绍内联函数、带默认形参值的函数以及函数重载等，详细讲述每一种函数存在的意义及应用；最后简明介绍了系统函数，系统函数的知识可以通过网络检索进行深入学习。

4.1　函数的定义与使用

　　对于复杂的程序合理地划分程序块，能够更清晰地表达程序功能，并实现功能复用。在C++语言中，把这类程序块称为函数，一般情况下将函数分为标准库函数和用户自定义函数两类。标准库函数由 C++ 系统提供，可以直接使用，但需要在程序中包含相应的头文件(♯include指令)；用户自定义函数是由用户根据需要编写的。本章节主要讲述用户自定义函数。

4.1.1　函数的定义

　　在 C++ 语言中，函数是语句序列的封装体，是构成程序的基本模块，每个函数均具有相对独立的功能。函数和程序中的变量一样需要先定义后使用。所谓定义函数就是编写一段程序代码使其完成某一完整功能。每一个函数的定义都是由 4 部分组成：类型说明符、函数名、参数列表和函数体。其语法格式为：

```
<类型说明符><函数名>(<参数列表>)
{
    //<函数体>
}
```

说明：

（1）类型说明符指出函数的类型，即函数返回值的类型。没有返回值时，其类型说明符为 void。若返回值为 int(char)类型则可以省略不写。

（2）函数名是合法的用户自定义标识符，尽量做到见名知意。

（3）参数列表由零个、一个或多个参数组成。如果没有参数则称为无参函数，反之称为有参函数。若是有多个参数需要由逗号隔开。在定义函数时，参数表内给出的参数需要指出其类型和参数名。

（4）函数体由一对花括号（"{ }"）括起来的说明语句和执行语句组成，实现函数的功能。C++中函数体内的说明语句可以根据需要随时定义，不像 C 语言要求放在函数体开头。在 C++语言中和 C 语言规定一样：不允许在一个函数体内再定义另一个函数，即不允许函数的嵌套定义。

例如：

① 有参函数

```
int add(int x,int y)                    //求任意两个整数之和
{
    int sum;
    sum = x + y;
    return sum;
}
```

② 无参函数

```
void star()                             //输出一行分隔星号符
{
    cout <<" ************* "<< endl;
}
```

4.1.2 函数的声明

因为函数的使用也是遵从先定义后使用的原则，如果使用在前则需要进行函数的声明。函数的声明和函数的定义不同（函数的定义由语句来描述函数的功能），而函数的声明是在调用该函数之前，对函数的原型进行声明（包括函数类型和参数类型）。

1. 函数原型

函数原型是由函数定义中抽取出来的能代表函数应用特征的部分，包括函数类型、函数名、参数个数及类型。其语法格式为：

<类型说明符><函数名>(<参数表>)

实际上，函数原型就是函数定义的函数头，在 C++语言中也可以使用简写的函数原型，其格式为：参数表中不必包含变量名，仅需要将参数的类型表述完整即可。这是因为在函数原型中的变量名对编译器没有实在意义。例如：

```
int add(int x,int y)
```

等价于

```
int add( int ,int )
```

2. 函数声明

在 C++语言中要求函数在被调用之前,应当让编译器知道该函数的原型,以便编译器利用函数原型提供的信息去检查调用操作是否合法,并将参数强制转换成为合适的类型,保证参数的正确传递。对于标准库函数,其声明在头文件中,可以用♯include 预处理命令包含这些原型文件;对于用户自定义函数,先定义后调用的函数可以不用声明,但后定义、先调用的函数必须声明。一般为增加程序的可读性,常将主函数放在程序的开头,这样需要在主函数前对其所调用的函数一一进行声明,以消除函数所在位置的影响。声明的语法格式为:

<类型说明符><函数名>(<参数表>);

注意:函数声明语句就是函数原型加上分号(";"),可以采用完整格式也可以采用缩略格式。函数的声明和函数的定义不同,声明可以是多次,但是定义只能定义一次。

4.1.3　函数的调用

在 C++语言中,函数调用有两种方式,分别是传值调用和引用调用。函数的调用是通过栈空间进行的,存放不同函数的栈空间是相互独立的。其运行过程为:

(1) 从主调函数的函数体开始运行,执行到调用函数的语句时,将主调函数中的现场和返回地址(调用语句的下一语句的地址)压入栈空间。

(2) 向被调函数传递参数,为被调函数中的参数分配存储空间,将控制权交给被调函数,进入被调函数执行被调函数中的语句序列。

(3) 直到运行到被调函数的右花括号或者 return 语句,则结束函数的调用,接着执行第(4)步。若是执行到另一函数调用语句,则返回从第(1)步开始执行。

(4) 从栈空间中弹出主调函数的现场和返回地址,返回主调函数,将控制权交给主调函数。

注意:函数不能嵌套定义,但是可以嵌套调用。并且函数调用是通过形参和实参、返回值或其他方式进行数据的传递。这里的主调函数和被调函数是个相对的概念,不是绝对的概念。

函数调用的语法格式为:

<函数名>(<参数表>)

1. 形参和实参

参数表中每个参数是一个表达式,用逗号分隔。对于有参函数,在主调函数和被调函数之间进行着数据传递。定义函数时函数名后面括号内的表达式称为形式参数(简称"形参"),被调函数名后面括号中的表达式称为实际参数(简称"实参")。函数调用时,要求实参和形参应个数相等、类型一致,实参和形参必须按顺序一一对应传递数据。

函数的调用形式:可以以一条独立的语句出现。例如:

void star();

说明:一般这类函数没有返回值。

也可以以出现在某个表达式中参与运算的形式调用。例如：

y = 12 * add(12,12);

2. 函数的返回值

主调函数通过函数的调用得到一个确定的值，称为函数的返回值。返回值是通过被调函数中的 return 语句获得的。其语法格式为：

return <表达式>;   //有返回值格式

或者

return (<表达式>);   //有返回值格式

或者

return;   //无返回值格式

return 是一条转向语句，它的作用是将被调函数内程序的执行顺序返回给主调函数内的调用语句，然后去执行主调函数的下一语句。在有返回值时，需将返回值传递给主调函数。如果函数无返回值，可以使用仅有关键字 return 的语句，获得返回程序的控制权；也可不写 return 语句，因为函数体定界符的右花括号（"}"）具有 return 的功能。

对于 main() 函数，如果函数头为 void main()，则不返回任何值给操作系统，所以main() 的函数体最后不需要 return 语句；如果函数头为 int main() 或 main()，则在函数体的最后必须给出 return 1 或 return 0 语句。对操作系统而言，return 1 或 return 0 都没有意义，因此常用 void main() 的定义格式。

注意：函数没有返回值时，定义函数的函数类型一定要写上 void，省略不写系统默认函数返回值为 int 类型。

【例 4-1】 函数调用应用案例 1。

题目：已知一数组（含有 10 个元素）中前两个元素的值，后面元素的值分别是前两个元素之和，利用函数求出该数组所有元素的值。

```
# include < iostream. h>
# include < iomanip. h>
void fun( int array[ ], int n);
void main()
{
  int a[10] = {5,8}, i;
  fun(a,10);
  for(i = 0; i < 10; i++)
    cout << setw(4)<< a[i];
   cout << endl;
}
void fun( int array[ ], int n)
{
    int j;
    for(j = 2; j < n; j++)
      array[j] = array[j − 1] + array[j − 2];
}
```

其运行结果如图 4-1 所示。

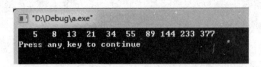

图 4-1　例 4-1 运行结果

说明：

（1）该程序由两个函数组成，main()函数为主调函数，fun()函数为被调函数。

（2）被调函数主要实现求一维数组中的数组元素值，实现动态为数组元素赋值。

（3）在主调函数中，函数体内的第二条语句实现了函数的调用，完成对数组元素的赋值。

其执行过程如图 4-2 所示。

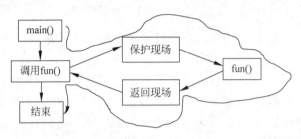

图 4-2　执行过程

【例 4-2】　函数调用应用案例 2。

题目：编写函数将华氏温度转换为摄氏温度，公式为 $C=(F-32)*5/9$；并在主函数中调用。

```cpp
# include< iostream.h>
float fun(float f)
{   float c;
    c = 5.0/9 * (f - 32);              //注意这里是 5.0/9,不能写成 5/9
    return c;
}
void   main()
{   float x;
    cout <<"请输入一个温度值: ";
cin >> x;
cout <<"输入的温度值为: "<< x << endl;
    cout <<"转换后,值为: "<< fun(x)<< endl;
}
```

其运行结果如图 4-3 所示。

【例 4-3】　函数调用应用案例 3。

题目：编写函数利用数组名作参数计算二维数组 arr[3][4]中所有元素的和。

```cpp
# include< iostream.h>
```

图 4-3　例 4-2 运行结果

```
int sum(int a[][4],int n,int m)
{
  int p = 0,i,j;
  for(i = 0;i < n;i++)
    for(j = 0;j < m;j++)
      p += a[i][j];
  return p;
}
void main()
{
 int b[3][4];
 int i,j;
 cout <<"please input 12 numbers:";
 for(i = 0;i < 3;i++)
  for(j = 0;j < 4;j++)
   cin >> b[i][j];
 cout <<"数组元素和为: "<< sum(b,3,4)<< endl;
}
```

其运行结果如图 4-4 所示。

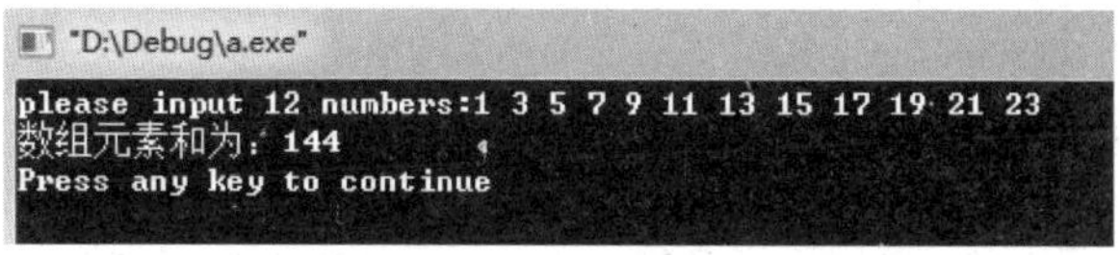

图 4-4　例 4-3 运行结果

4.1.4　函数的参数传递

一个程序是由若干个函数组成的,这些函数之间势必要进行一些相关信息的交流。实际上,一个函数可以向被调函数传送一些信息,也可以从被调函数接收一些信息。这些信息的交流是通过函数的参数和函数的返回值来传递的。

在 C++语言中,实参与形参有两种结合方式:值调用和引用调用。下面详细介绍两种调用方式。

1. 值调用

值调用又分为数据传值调用和地址传值调用。数据传值调用方式是将实参的数据值传递给形参。实参和形参在栈空间内的地址不相同,改变形参值不影响实参值;地址传值调用方式是将实参的地址值传递给形参,实参和形参在栈空间内共用同一地址,改变形参值就可以改变实参值。这里详细介绍一下数据传值调用。

数据传值调用的特点是实参仅将其值赋给了形参,因此在函数中对形参值的任何修改都不会影响到实参的值。数据传值调用的优点是减少了主调函数与被调函数之间的数据依赖,增强了函数自身的独立性。前面的案例均是数据传值调用的实例。

【**例 4-4**】　函数参数传递的应用案例 1。

题目:通过键盘输入任意两个实型数据,通过函数的参数传递实现两个数据互换。

```
# include < iostream.h >
```

```cpp
void swap(float x,float y)
{
    float z;
    z = x;
    x = y;
    y = z;
}
void main()
{
    float x,y;
    cout <<"please input two numbers:";
    cin >> x >> y;
    cout <<"x = "<< x <<", y = "<< y << endl;
    swap(x,y);
    cout <<"x = "<< x <<", y = "<< y << endl;
}
```

其运行结果如图 4-5 所示。

修改例题 4-4,分解阅读程序:

```cpp
# include < iostream. h >
void swap(float x,float y)
{
    float z;
    z = x;
    x = y;
    y = z;
    cout <<"(2) "<<"x = "<< x <<", y = "<< y << endl;
}
void main()
{
    float x,y;
    cout <<"please input two numbers:";
    cin >> x >> y;
    cout <<"(1) "<<"x = "<< x <<", y = "<< y << endl;
    swap(x,y);
    cout <<"(3) "<<"x = "<< x <<", y = "<< y << endl;
}
```

其运行结果如图 4-6 所示。

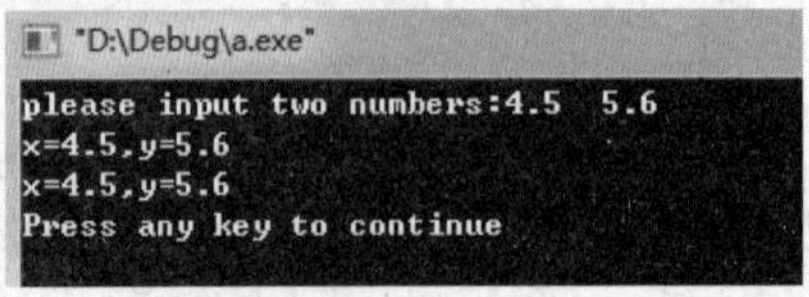

图 4-5　例 4-4 运行结果

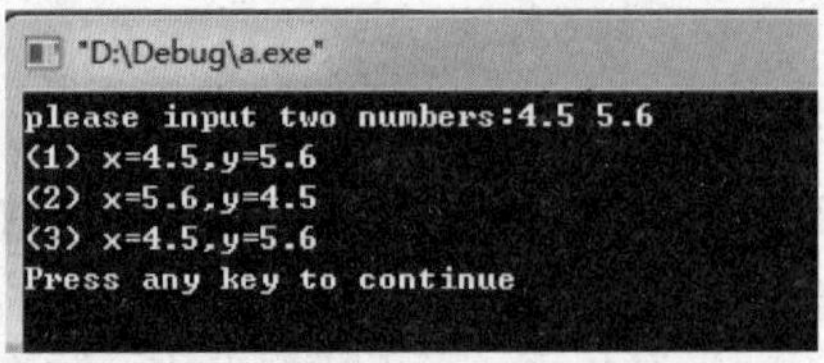

图 4-6　修改例 4-4 后的运行结果

由此可见,函数 swap()实际上实现了两个数据的互换功能,而在主调函数中,通过主调函数的实参值传给被调函数的形参后,并没有影响到主调函数的参数值。总之,数据值传递是单向传递,这里面其实还包括局部变量和全局变量的作用域问题,我们在后续章节中将陆续介绍。

2. 引用调用

引用是一种特殊类型的变量,简单地说就是给一个已有变量起的别名。对引用的操作就是对该已有变量的操作。引用调用是将实参变量值传递给形参,而形参是实参变量的引用名。引用调用可以起到地址传值调用的作用,即改变形参值就可以改变实参值。但引用调用比地址传值调用更为简单,在 C++ 中较多地使用引用调用代替地址传值调用。

引用运算符"&"用来说明一个引用,其声明的语法格式为:

<数据类型> & <引用名> = <目标名>;

说明:

(1) 数据类型是引用目标的数据类型,可以是基本数据类型也可以是用户自定义类型。

(2) 引用名是为引用型变量所起的名字,采用的是用户自定义的合法标识符。

(3) 目标名也就是变量名,也可以是后面章节中介绍的对象名。

例如:

```
float x,&refx = x;                        //refx 为变量 x 的引用
```

通过定义可知,refx 为变量 x 的引用,其类型为 float 类型,变量 x 和 refx 相当于一个变量。因此,对引用 refx 的操作就是对变量 x 的操作。

例如:

```
float x = 10.0,&refx = x;
refx += 1.1;
```

说明:refx 的值为 11.1,变量 x 的值也为 11.1。

引用的主要目的是为了方便函数间数据的传递,在实际应用中主要是作为函数的参数出现,即将形参说明为引用。形参声明为引用只需要在形参名前加上引用运算符("&")即可。在进行函数调用时,实参可以直接是变量名,进行虚实结合时,形参实际上就成了实参的别名。

【**例 4-5**】 函数参数传递的应用案例 2。

题目:修改例 4-4,通过函数的参数传递真正实现两个数据的互换。

```
#include <iostream.h>
void swap(float &x,float &y)
{
  float z;
  z = x;
  x = y;
  y = z;
}
void main()
{
  float x,y;
  cout <<"please input two numbers:";
```

```
    cin >> x >> y;
    cout <<"x = "<< x <<", y = "<< y << endl;
    swap(x, y);
    cout <<"x = "<< x <<", y = "<< y << endl;
}
```

其运行结果如图 4-7 所示。

由此可见,利用引用调用传递参数实现了真正的参数互换。

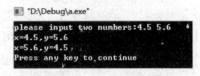

图 4-7　例 4-5 运行结果

如果在说明引用的时候用关键字 const 修饰,这样就构成了常引用,利用常引用所引用的对象是不允许被更新的。也就是说,如果用常引用做形参,便不会发生对实参进行意外更改的情况。常引用的声明语法格式为:

const <数据类型> & <引用名> = <目标名>;

例如:

void fun(const int &x);

常引用做形参,在函数中不能更新 x 所引用的对象,因此对应的实参不会被破坏。

基于以上内容,简单归纳出使用引用时需要注意的事项有以下几点:

- 创建引用的同时必须初始化引用;
- 一旦初始化了引用,就不能再改变引用关系;
- 不能有 NULL 引用,引用必须与合法的存储单元相关联;
- 引用的类型和对应变量的类型必须相同。

4.1.5　局部变量和全局变量

每个变量都有一定的有效作用范围,称为作用域,变量只能在其作用域内是可见的,或者说在该区域内是可以使用的,而在作用域以外是不能被访问的。根据作用域的不同,可以将 C++ 程序中的变量分为局部变量和全局变量。局部变量是在函数内或复合语句内定义的变量,只能在本函数或本复合语句内使用;全局变量是在函数外定义的,可以由本源程序文件中位于该全局变量定义之后的所有函数共同使用。

使用全局变量的优点是数据在程序中的流向清晰自然、易于控制,数据也比较安全。但是当程序中使用了大量的全局变量时就会破坏程序的模块化结构,使程序难于理解和调试,因此在编写程序时要尽量少用或不用全局变量。

【例 4-6】　全局变量和局部变量的应用案例 1。

题目:编写一个求方程 $ax^2 + bx + c = 0$ 的根的程序,用三个函数分别求当 $b^2 - 4ac$ 大于零、等于零以及小于零时的方程的根。要求从主函数输入 a、b、c 的值并输出结果。

```
# include < iostream. h >
# include < math. h >
void equation_1 (int a, int b, int c)        //局部变量 a、b、c
{
    double x1, x2, temp;                     //局部变量 x1、x2、temp
```

```
        temp = b * b - 4 * a * c;
        x1 = ( - b + sqrt(temp) ) / (2 * a * 1.0);
        x2 = ( - b - sqrt(temp) ) / (2 * a * 1.0);
        cout <<"两个不相等的实根: "<< endl;
        cout <<"x1 = "<< x1 <<",   x2 = "<< x2 << endl;
    }
    void equation_2 (int a, int b, int c)
    {
        double x1, x2, temp;
        temp = b * b - 4 * a * c;
        x1 = ( - b + sqrt(temp) ) / (2 * a * 1.0);
        x2 = x1;
        cout <<"两个相等的实根: "<< endl;
        cout <<"x1 = "<< x1 <<",   x2 = "<< x2 << endl;
    }
    void equation_3 (int a, int b, int c)
    {
        double temp, real1, real2, image1, image2;
        temp = - (b * b - 4 * a * c);
        real1 = - b / (2 * a * 1.0);
        real2 = real1;
        image1 = sqrt(temp);
        image2 = - image1;
        cout <<"两个虚根: "<< endl;
        cout <<"x1 = "<< real1 <<" + "<< image1 <<"j"<< endl;
        cout <<"x2 = "<< real2 <<" + "<< image2 <<"j"<< endl;
    }
    void main()
    {
        int a, b, c;                         //局部变量 a、b、c
        double temp;                         //局部变量 temp
        cout <<"输入 a,b,c 的值: "<< endl;
        cin >> a >> b >> c;
        cout <<"方程为: "<< a <<" * x * x + "<< b <<" * x + "<< c <<" = 0"<< endl;
        temp = b * b - 4 * a * c;
        if(temp > 0)
            equation_1 (a, b, c);
        if(temp == 0)
            equation_2 (a, b, c);
        if(temp < 0)
            equation_3 (a, b, c);
    }
```

其运行结果如图 4-8 所示。

【例 4-7】 全局变量和局部变量应用案例 2。

题目：验证全局变量和局部变量的作用域。

```
# include < iostream. h >
int x;                                       //全局变量 x
int fun1( int x)                             //局部变量 x
{
    return x * x;
}
```

```
int fun2(int y)
{
    int x = y + 3;                          //局部变量 x
    return x * x;
}
void main()
{
    x = 0;                                  //全局变量 x
    cout <<"the result of the fun1: "<< fun1(3)<< endl;
    cout <<"the result of the fun2: "<< fun2(5)<< endl;
    cout <<"x = "<< x << endl;
}
```

其运行结果如图 4-9 所示。

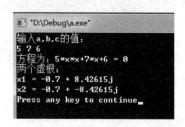

图 4-8　例 4-6 运行结果

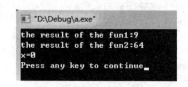

图 4-9　例 4-7 运行结果

4.1.6　变量的存储类别

在 C++中，根据变量存在时间的不同，可以将存储类别分为 4 种：自动（Auto）、静态（Static）、寄存器（Register）和外部（Extern）。

1. 自动变量

我们之前列举的案例中，所有的局部变量都是自动变量。自动变量的特点是在程序运行到自动变量的作用域中时才为其自动分配内存空间，此后才可以访问该变量中的数据。一旦退出该自动变量的函数或复合语句之后，程序会自动回收自动变量的存储空间，释放后的空间可以重新分配给其他变量使用。可见，自动变量的生存期是从该变量的定义开始到本函数或复合语句的结束。自动变量的初始值需要用户来定义，若用户没有给其赋值，该变量将通过系统获得一个随机数。

自动变量的声明格式：

auto <数据类型> <变量名表>;　　　　　　//auto 可以省略，默认变量为自动变量

自动变量的优点是：在不同的函数中可以使用同名变量，变量不能混淆，因为各自在各自的函数内部起作用，实现了数据的屏蔽。

2. 静态变量

静态变量的特点是在程序开始运行之前就为其分配存储空间，在程序的整个运行过程中静态变量一直占用该存储空间，直到整个程序运行结束为止。静态变量的生存周期就是整个程序的运行期。静态变量和自动变量不同，定义的时候可以初始化也可以不赋值，若用

户没有给静态变量初始化的话,静态变量默认初始值为0。

静态变量的声明格式:

static <数据类型> <变量名表>;

静态变量的优点是在函数的运行过程中可以保留一些变量的值,以便下次进入该函数时仍然可以继续使用。

【例4-8】 静态局部变量的使用案例。

题目:利用函数统计被调函数被调用的次数。

```cpp
#include < iostream.h >
int fun();
void  main()
{
  int i,j;
  for(i = 0;i < 15;i++)
     j = fun();
  cout <<"函数调用的次数为: "<< j << endl;
}
int fun()
{
  static int count;                        //没有初始化,count 的初始值为 0
  return   ++count;                        //注意前缀形式
}
```

其运行结果如图 4-10 所示。

图 4-10 例 4-8 运行结果

4.2 内联函数

在程序设计过程中,为了实现功能分解、功能复用等采用了函数的概念。但是任何事情均有两面性,函数的使用使程序结构清晰的同时,函数在调用的过程中因为系统要做许多额外的工作,如断点现场保护、数据进栈、执行函数体、保存返回值以及恢复现场等。这样势必造成很大的开销,因此函数的使用是以降低效率为代价的。

在程序文件中,有些函数的函数体是非常简单的,执行时所需要消耗的时间远远小于函数的调用时间,在程序中如果反复调用这类函数,则附加的时间消耗是不容忽略的。因此,在 C++语言中提出了解决这一问题的机制——内联函数。

在函数说明前冠以关键字 inline,该函数就被声明为内联函数。当程序中出现对该函数的调用时 C++编译器就会将函数体中的代码直接插入到调用函数的地方,以便在程序运行时不再进行函数调用。将函数体的代码直接插入到函数调用处来节省调用函数的时间开销,我们把这个过程称为内联函数的扩展。由此可见,内联函数的应用实际上是用空间换时间的一种方案,目的就是为了消除函数调用时系统的开销,以便提高运行速度。

【例 4-9】 内联函数的应用案例。

题目:通过函数调用实现两个数中输出较大数。

```cpp
# include < iostream. h >
inline int max( int x1, int x2)
{
    return    x1 > x2?x1:x2;
}
void main()
{
    int x, y;
    cout <<"please input two numbers:";
    cin >> x >> y;
    cout <<"the larger number is:"<< max(x, y)<< endl;
}
```

其运行结果如图 4-11 所示。

实际运行过程中,编译器将把主调函数 main()中的
输出语句:

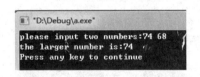

```cpp
cout <<"the larger number is:"<< max(x, y)<< endl;
```

图 4-11　例 4-9 运行结果

处理成

```cpp
cout <<"the larger number is:"<< x1 > x2?x1:x2 << endl;
```

使用内联函数时应注意:

(1) 在一个文件中定义的内联函数不能在另一个文件中使用。它们通常放在头文件中共享。

(2) 内联函数一般要求是简洁的小函数,只有几条语句(一般宜 1~5 行之间),如果语句较多,不适合定义为内联函数。

(3) 内联函数体中,不能有循环语句、if 语句或 switch 语句,否则,函数定义时即使使用 inline 关键字说明,编译器也会把该函数当做非内联函数来进行处理。

(4) 内联函数要在函数被调用之前声明。如果将内联函数放在函数调用之后声明,就不能起到预期的效果。

(5) 由于计算机的资源是有限的,内联函数的使用虽然节省了运行的时间,但是却增加了内存空间的开销。因此,在编写程序时,需要权衡时间和空间的开销之间的利弊,以便判断是否使用内联函数。

4.3　带默认形参值的函数

一般情况下,在函数调用时形参需要从实参那里获取值,因此实参的个数应与形参个数相同。在有些特殊情况下,多次调用同一个函数时采用相同的实参值,这样在 C++语言中提

供了一个简单的办法:给形参定义一个默认值。这样的函数就叫做带有默认参数的函数。例如:

```
float   fun(int r = 1);                    //指定形参 r 的默认值为 1
```

说明:

(1) 若主调函数调用该函数时,没有实参,那么默认 r 的值为 1。例如:

```
fun();
```

等价于

```
fun(1);
```

(2) 若不想让该函数使用默认值,则通过实参另行给出。例如,fun(5);r 也就获得实参值 5。

(3) 如果一个函数中有多个形参,则可以使每个形参都有一个默认值,也可以只对一部分形参指定默认值。例如,求圆柱体体积的函数中,形参 h 表示圆柱体的高,r 表示圆柱体底面半径,函数原型为:

```
float   volume(float h, float r = 3.5);      //只给出形参 r 的默认值 3.5
```

函数调用时可以采用的形式:

```
volume(7.8);                              //等价于 volume(7.8,3.5)
```

或者

```
volume(7.8,4.5);                          //r 的值为 4.5
```

(4) 实参与形参的结合是从左往右的顺序进行的,因此指定默认值的参数必须放在形参列表中的最右端,也就是说默认值的给出只能从右往左。例如:

```
void   fun1(int a, int b, int c = 1);       //OK
void   fun2(int a, int b = 1, int c);       //error
void   fun3(int a, int b = 1, int c = 1);    //OK
void   fun4(int a = 1, int b = 1, int c);    //error
void   fun5 (int a = 1, int b, int c = 1);   //error
```

从形参的默认值得到值,利用这一特性,可以使函数的使用更加灵活。

(5) 默认参数的声明必须出现在函数调用之前,即如果存在函数声明,则参数的默认值应在函数声明中指定,否则在函数定义中指定。另外,若函数声明中已经给出了参数的默认值,则在函数定义中不能重复指定,即使所指定的默认值完全相同也不允许。

【例 4-10】 带默认参数的函数应用的案例。

题目:求两个数中的较大数或者三个数中的最大数。

```
# include < iostream. h >
int max( int a, int b, int c = 50)
{
 if(b > a)
    a = b;
```

```
    if(c>a)
        a = c;
    return a;
}
void main()
{
    int    a,b,c;
    cout <<"please input three numbers:";
    cin >> a >> b >> c;
    cout <<"a = "<< a <<",b = "<< b <<",c = "<< c << endl;
    cout <<"max(a,b,c) = "<< max(a,b,c)<< endl;
    cout <<"max(a,b) = "<< max(a,b)<< endl;
}
```

其运行结果如图 4-12 所示。

总之,在使用带有默认参数的函数时,需要特别注意以下两点:

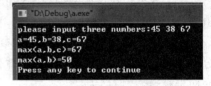

图 4-12   例 4-10 运行结果

- 如果函数的定义在函数调用之前,则应在函数定义中给出默认值。如果函数定义在函数调用之后,则在函数调用之前需要有函数声明,此时必须在函数声明中给出默认值,在函数定义时可以不给出默认值。

- 一个函数不能既作为重载函数,又作为有默认参数的函数。因为当调用函数时如果少写一个参数,系统无法判定是利用重载函数还是利用默认参数的函数,容易出现二义性而无法执行。

4.4   函数重载

在汉语言中存在着一词多义的现象,我们可以根据上下文的语境分析该词的适当含义,这样使语言更加精炼。而在程序设计语言中,如 C 语言中,函数名必须是唯一的,不允许出现同名的函数,例如,要求编写求整数、浮点数和双精度数的和,就需要编写三个函数,并且这三个函数不允许同名。例如:

```
int add1(int x,int y)
{
    int sum;
    sum = x + y;
    return sum;
}
float add2(float x,float y)
{
    float sum;
    sum = x + y;
    return sum;
}
double add3(double x,double y)
```

```
{
    double sum;
    sum = x + y;
    return sum;
}
```

当使用这些函数求某两个数之和时,虽然这三个函数的功能是基本相同的,但用户还是需要记住这三个函数使用的对应类型。这不但增加了程序员的记忆难度,而且也很容易出错。因此,在 C++语言中提供了一种机制来解决该问题——函数重载。

所谓函数重载就是对那些参数类型不同或参数个数不同,又或两者兼而有之的函数,使用相同的函数名。当两个以上的函数共同用一个函数名,但形参的个数或类型不同,编译器就会根据实参与形参的类型及个数的匹配情况,选择适当的函数进行调用,这就是函数重载。被重载的函数叫做重载函数。

C++支持函数重载,因此上面三个函数可以用一个共同的函数 add 来完成,但它们的参数类型应不同。当用户需要调用这些函数时,只要在参数表中代入实参,编译器就会根据参数的类型来确定调用哪个函数。因此用户在求两个数的和时,只需记住一个 add 函数,其他的则由系统来完成。

采用函数重载机制的原因是:

(1) 通过重载,可以将语义、功能相似的几个函数用同一个名字表示,方便记忆,且提高函数的易用性。

(2) 面向对象中涉及类的概念,类需要构造函数来创建对象,若想多个不同方法构造多个对象,而 C++中规定构造函数名必须和类名相同,所以这里就需要用到重载构造函数。

【例 4-11】 函数重载的应用案例 1。

题目: 求任意两个数的和。

```
# include < iostream. h >
int    add( int x, int y)
{
    int sum;
    sum = x + y;
    return sum;
}
float add( float x, float y)
{
    float sum;
    sum = x + y;
    return sum;
}
double add( double x, double y)
{
    double sum;
    sum = x + y;
    return sum;
}
void main( )
```

```
{
    int   x,y;
    float   f1,f2;
    double   d1,d2;
    cout <<"please input two int numbers:";
    cin >> x >> y;
    cout <<"please input two float numbers:";
    cin >> f1 >> f2;
    cout <<"please input two double numbers:";
    cin >> d1 >> d2;
    cout <<"the add of int is:"<< add(x,y)<< endl;
    cout <<"the add of float is:"<< add(f1,f2)<< endl;
    cout <<"the add of double is:"<< add(d1,d2)<< endl;
}
```

其运行结果如图 4-13 所示。

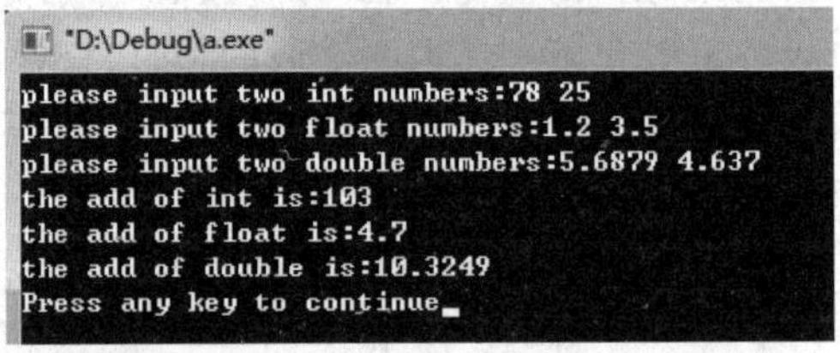

```
"D:\Debug\a.exe"
please input two int numbers:78 25
please input two float numbers:1.2 3.5
please input two double numbers:5.6879 4.637
the add of int is:103
the add of float is:4.7
the add of double is:10.3249
Press any key to continue_
```

图 4-13　例 4-11 运行结果

【例 4-12】　函数重载的应用案例 2。

题目：求任意类型数据的绝对值。

```
# include < iostream. h >
int   abs( int x)
{
    return x > = 0?x: - x;
}
float abs (float x)
{
    return x > = 0?x: - x;
}
double abs (double x)
{
    return x > = 0?x: - x;
}
void main()
{
    int   x;
    float   f1;
    double   d1;
    cout <<"please input a int numbers:";
    cin >> x;
    cout <<"please input a float numbers:";
```

```
    cin >> f1;
    cout <<"please input a double numbers:";
    cin >> d1;
    cout <<"the abs of int is:"<< abs(x)<< endl;
    cout <<"the abs of float is:"<< abs(f1)<< endl;
    cout <<"the abs of double is:"<< abs(d1)<< endl;
}
```

其运行结果如图 4-14 所示。

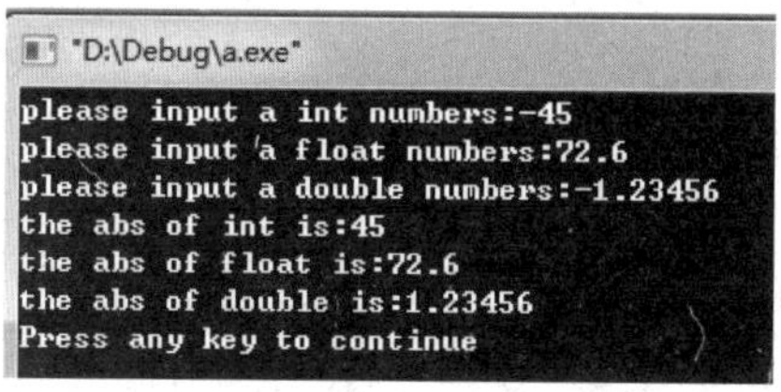

图 4-14　例 4-12 运行结果

总之，定义重载的函数时，应该注意以下问题：

（1）避免函数名字相同，但功能完全不同的情形。

（2）函数的形参变量名不同不能作为函数重载的依据。

（3）若几个函数名相同，形参个数和类型也相同，仅仅是返回值不同，则程序编译时会出现函数重复定义的错误而不是函数重载。

（4）调用重载的函数时，如果实参类型与形参类型不匹配，编译器会自动进行类型转换。如果转换后仍然不能匹配到重载的函数，则会产生一个编译错误。

（5）编译器根据函数参数的不同（类型、个数和顺序）来判断同名函数是否为重载函数。

4.5　常用的系统函数

为了方便程序员编写程序，C++提供了大量已预先定义的函数，即库函数。对于库函数，用户不需要自己定义也不用声明就可以直接使用。C++软件包将不同功能的库函数的函数声明分别放在不同的头文件中，所以用户在使用某一库函数的时候，必须用 include 预处理命令给出该函数的原型所在的头文件的文件名。例如，使用 cin、cout，则需要在函数头前使用：

```
# include < iostream. h >
```

例如，要使用 sqrt()开方函数，则需要在函数头前使用：

```
# include < cmath. h >
```

C++的库函数很多，这里就不一一列举了，用户可以通过联机帮助功能查看各函数的声明及功能。

4.6 综合案例——公司人员管理系统 4

在公司人员管理系统中因为要完成公司人员信息的显示所以添加一些函数,完成基础数据设置与修改的函数 set(),保存基础数据、人员数据的函数 save(),基础数据和人员数据载入函数 Load()等。具体实现放在类定义章节中完成。

4.7 小结

本章中重点介绍了函数的概念,对函数的定义、声明以及调用采用案例进行了详细说明。同时介绍了几种常用的特殊函数:内联函数、重载函数以及带默认参数值的函数,每一种函数的存在都是为了使 C++语言更强壮。

习题 4

1. 函数的作用是什么?如何定义函数?什么是函数原型?

2. 什么是函数值的返回类型?什么是函数的类型?如何通过指向函数的指针调用一个已经定义的函数?编写一个验证程序进行说明。

3. 什么是形式参数?什么是实际参数?C++函数参数有什么不同的传递方式?编写一个验证程序进行说明。

4. C++函数通过什么方式传递返回值?当一个函数返回指针类型时,对返回表达式有什么要求?当返回引用类型时,是否可以返回一个算术表达式?为什么?

5. 输入 a、b 和 c 的值,编写一个程序求这三个数的最大值和最小值。要求:把求最大值和最小值操作分别编写成一个函数,并使用指针或引用作为形式参数把结果返回 main 函数。

6. 已知勒让德多项式为:

$$p_n(x) = \begin{cases} 1 & n = 0 \\ x & n = 1 \\ ((2n-1)p_{n-1}(x) - (n-1)p_{n-2}(x))/n & n > 1 \end{cases}$$

编写程序,从键盘输入 x 和 n 的值,使用递归函数求 pn(x)的值。

第5章

类 与 对 象

本章学习目标

- 了解并理解面向对象的 4 个基本特征；
- 理解并掌握类和对象的概念；
- 理解类和对象之间的关系；
- 理解并掌握构造函数和析构函数的概念、功能以及应用。

本章主要介绍类和对象的概念，明确说明面向对象的 4 个基本特征；同时还通过案例对类与对象之间的关系进行了说明，并介绍了利用构造函数来为类的数据成员初始化，对析构函数还进行资源回收等功能以及实际应用。

5.1 面向对象程序设计的基本特点

在第 1 章中简单介绍了面向对象程序设计中的一些基本概念，解释了面向对象方法编程的思想。事实上，客观世界是由各种各样的对象构成的。各种自然物体和逻辑结构（有形、无形）均可以看作是对象（客观存在、有实际意义）。面向对象的程序设计方法和人们日常生活中处理问题的思路是一致的。使用软件对象模拟实际对象，是编写计算机程序的自然方式。在面向对象编程中，外部的用户或对象向该对象提出的服务请求，可以称为向该对象发送消息；当该对象完成请求服务后，也可以向外部用户或对象发送服务完成中断的消息。大多数的 C++对象通过消息响应来工作，实际上是对象对方法的函数调用。这种方法具有 4 个基本特征，下面将分别详细介绍。

5.1.1 抽象

抽象是将有关事物的共性归纳、集中的过程。在现实生活中，人们所能看到的都是一些具体的事物，把这些具体的相关事物归类就是抽象。例如小学生、初中生、高中生、大学生等，把他们的共性抽取出来的过程就是抽象。抽象的作用表示同一类事物的本质，在抽象的过程中，忽略与当前主题无关的因素，以便更充分地注意与当前主题有关的因素。抽象包括两个方面：数据抽象和代码抽象。数据抽象是描述某类对象的属性或状态，即一类对象区别于另一类对象的物理特征，代码抽象描述某类对象的共同行为特征或共同功能特征。在

C++中,这些都是通过类来实现的。

例如:人。

数据抽象:姓名、性别、年龄、身高等。

代码抽象:吃( )、跑( )、工作( )、学习( )等。

抽象是人类认识问题的基本手段之一,类是对象的抽象,对象是类的实例,是类的具体表现形式。

5.1.2 封装

在日常生活中,人们在应用某个对象时,并不是必须要了解对象的内部细节,而只需要知道其外部功能即可。例如,手机的应用,只要知道通话、发短信等功能即可,不需要了解手机的制作原理。对象的一部分属性和功能对外界屏蔽,具体的操作细节在内部实现,对外界来说是透明的,从外界来看基本感受不到它的存在。这样,把对象的内部实现和外部行为分隔开来,人们从外界操作,可以大大降低人们操作对象的复杂程度。

将抽象得到的数据成员和函数成员相结合,就是封装,它是面向对象程序设计方法的一个重要特征。在封装的同时可以通过对属性和行为设置访问权限实现信息的隐藏。在 C++语言中,封装和信息隐藏也是通过类来实现的。如:

```
class Person{
  private:
      char * name;
      char sex;
      int age;
  public:
      void eat(void);
      void work(void);
      void study(void);
}
```

封装包含以下两层含义:

(1) 将抽象得到的有关数据和操作代码相结合,形成一个有机的整体,这样保证了对象之间的相对独立性。

(2) 封装将对象封闭保护起来,对象中某些部分对外隐蔽,隐蔽内部实现细节,仅通过接口与外界进行消息通信(信息隐藏)。

封装保证了类具有较好的独立性,防止外部程序破坏类的内部数据,使得程序的维护修改较为容易。

5.1.3 继承

在面向对象的程序设计中,继承的概念非常重要。例如,已经建立了某一个类 A,现在需要建立另一个与类 A 基本相同,但是需要添加一些属性或方法的类 B,这时就可以利用类继承的机制来完成,而不需要从头设计新类 B。即一个新类可以从现有的类中派生出来。新类继承了原有类的特征,同时增加了自己新的特征,称之为派生类(子类),而原有类称之为基类(父类)。派生类和基类的概念也是相对性概念。

继承反映的是客观世界中存在的一般和特殊的关系,如交通工具和汽车、水果和桔子、人和学生等,它们之间的关系就是继承关系。在这种关系中汽车、桔子、学生分别拥有交通工具、水果和人的特点。

利用继承可以使基类(交通工具、水果、人)和派生类(汽车、桔子、学生)之间共享数据和方法,这就是代码复用技术。另一方面,根据事物的共性抽象出基类,在基类的基础上事物可以根据个性添加自己的属性与操作,抽象出新的类。新类不但有基类的属性与操作,而且有自己的属性与操作,从这一点来看基类产生派生类是代码扩充的过程。

总之,利用继承的概念,可以很容易地实现代码复用和代码扩充,可以提高软件的质量,使软件的开发和维护变得容易。

5.1.4 多态

多态也是面向对象程序设计中的一个重要的概念,多态是指同一个操作作用于不同的对象,可以有不同的反应,产生不同的执行结果。比如说加操作,两个整数相加和两个字符串相加差别是很大的。在 C++语言中,具体的多态行为主要有以下几类表现:

(1) 函数重载;

(2) 模板;

(3) 虚函数。

这些内容都将在后面的章节中详细介绍。多态性的概念增强了软件的灵活性和重用性。特别是多态和继承相结合,使得软件有了更广泛的重用性和可扩充性,为软件的开发与维护提供了方便。

面向对象程序设计具有许多优点:开发时间短、效率高、可靠性高,所开发的程序鲁棒性高。

5.2 类和对象

类是面向对象程序设计方法的核心概念,利用它可以实现抽象、封装和数据隐藏。在结构化程序设计中,程序的模块是由函数组成的;而在面向对象程序设计中,程序模块是由类组成的。函数是逻辑上相关的语句与数据的封装,用于完成特定的功能;类是逻辑上相关的函数和数据的封装,是对所要处理问题的抽象描述。

类是一种用户自定义类型,常称为"类类型"。声明某个类类型的变量,这个声明过程称为类的实例化,把该变量就称为类的实例(对象)。

5.2.1 类的定义

在 C 语言中有一种用户自定义类型为结构体,它将有关联的不同类型的数据元素组成一个单独的集合体。在 C 语言中,建立了一个结构体变量后,即可以在结构体外直接对其数据变量进行修改,原因是结构体的成员在默认情况下为公有的,而有些时候我们并不允许对数据进行改动。但在 C 语言的结构体中,数据和对数据的操作是分离的,它没有把相关的数据与操作构成一个整体进行封装,结构体无法对数据进行保护和权限控制,正是由于这种原因,造成了 C 语言中的结构体存在着数据被破坏的安全隐患。因此增加了程序的复杂性,对数据的维护和处理都需要很大的精力,严重影响了软件的生产效率。

　　C++引入了类,它克服了 C 语言中结构体的缺点,使数据和其相关联的函数封装在一起,构成一个统一的整体,很好地实现了数据保护和权限控制。类的构成一般分为说明部分和实现部分。说明部分放在类体内,用来说明该类中的数据成员(属性)和成员函数(方法)的类型和名称。实现部分常放在类体外,用以给出说明部分中声明的成员函数的定义,是类的内部实现。

　　类定义的说明部分的一般格式为:

```
class 类名{
    private:
        私有数据成员和成员函数
    protected:
        保护数据成员和成员函数
    public:
        公有数据成员和成员函数
};
```

　　说明:

　　(1) 用 class 关键字表明进行一个类的定义。

　　(2) 类名即类的名称,一般首字母要大写,以区别于对象名,采用合法的用户自定义标识符。

　　(3) 类体被一对花括号"{}"括起来,同结构体一样,最后以分号结束。在类内只对成员函数进行原型说明,函数体的定义常写在类外。例如:

```
class Student
{
    private:
        char number[10];
        char  name[10];
        char  sex;
    public:
        void setStudent(char * p,char * q,char ch);
        void showStudent();
};
void Student::setStudent(char * p,char * q,char ch)        //定义类中成员函数
{
    strcpy(number,p);
    strcpy(name,q);
    sex = (ch == 'm'?'m':'f');
}
void showStudent()
{
    cout << number <<"\t"<< name <<"\t"<< sex << endl;
}
```

　　说明:在声明的类 student 中,封装了相关的数据和对这些数据的操作,分别称为类 student 的数据成员和成员函数。在类 student 中,因为数据成员和成员函数有着不同的访

问权限,所以分别属于 private 和 public 两个不同部分。

类具有对数据的隐蔽性,在类体内有关键字 private(私有)、protected(保护)和 public(公共)三个访问权限控制符,每个关键字下面都可以有数据成员和成员函数。数据成员和成员函数统称为类的成员。

关于类的定义,应该注意以下问题:

(1) 在一个类中,声明类的三个部分并不一定全部出现,但至少要有其中的一部分。一般情况下,为了数据得到有效的保护,将类的数据成员声明为 private(私有成员),成员函数声明为 public(公有成员)。

(2) 类的声明中 private、protected 和 public 可以按任意顺序出现,如果私有部分处于类体的第一部分时,关键字 private 可以省略,否则不能省略。如果在类体中没有一个访问权限关键字,则类的成员默认为私有的。而关键字 public 和 protected 无论出现在何处都不可以省略。

(3) 数据成员可以是任何数据类型,但不能用自动(auto)、寄存器(register)或是外部(extern)进行说明。

(4) 由于不同的类中成员的作用域不同,所以不同的类中的成员可以同名。

(5) 不能在类的声明中给数据成员赋初值。只有在类的对象定义之后才可以对数据成员赋初值。

例如:

```
class Person                        //定义 Person 类
{
  private:                          //数据成员定义为 private 起到保护数据的作用
    char name[20];                  //不需要初始化
    char sex;
    int age;
  public:                           //成员函数定义为 public,作为外界访问数据成员的接口
    void  register(char * name,int age,char sex);
    void display();
};
```

5.2.2 类成员的访问控制

类成员的访问属性有三种,即公有类型(public)、保护类型(protected)和私有类型(private)。

private 表示类的私有成员,包括私有数据成员和私有成员函数。私有成员只有类自己的成员函数或友元函数可以访问,在类的外部访问都是不允许的,如果类外的函数要访问私有成员,必须通过类的公有成员函数来访问。私有成员隐蔽在类中,在类的外部无法访问,实现了访问权限的有效控制。

protected 表示类的保护成员,包括保护数据成员和保护成员函数。保护成员除了类自己的成员函数、友元函数可以访问外,派生类的成员也可以访问,即它是半隐蔽的。

public 表示类的公有成员,包括公有数据成员和公有成员函数,说明其内容可以被自由访问。既可以被该类的其他成员函数访问,也可以被类外的其他函数访问,即它是完全开

放的。

　　类的成员对类的对象的可见性和对类的成员函数的可见性是不同的,类的成员函数可以访问类的所有成员,无任何限制,而类的对象对类的成员的访问是受类成员的访问属性制约的。

5.2.3　对象

　　在面向对象程序设计中,类是具有相同的数据和相同操作的一组对象的集合。对象是描述其属性的数据以及对这些数据施加的一组操作封装在一起构成的统一体。对象是类的一个具体的实现,称为实例,任何一个对象都属于某个已知的类。因此在定义对象之前必须先定义类。定义一个类后,便可以如同声明简单变量一样创建对象(类的实例化)。对象和类的关系相当于一般的程序设计语言中的变量和变量数据类型的关系。

　　1. 对象的定义

　　C++中,可以用以下两种方式定义:

　　(1) 在声明类时,直接在类体右花括号("}")后定义属于该类的对象名。例如:

```
class student
{
   private:
     char number[10];
     char   name[10];
     char   sex;
  public:
     void setStudent(char * p,char * q,char ch);
     void showStudent();
}stu1,stu2;
```

　　(2) 声明类之后,在使用时再定义对象。一般语法格式为:

　　<类名> <对象 1>,<对象 2>,….

　　例如:

```
class student
{
   private:
     char number[10];
     char   name[10];
     char   sex;
   public:
     void setStudent(char * p,char * q,char ch)
     {
         strcpy(number,p);
         strcpy(name,q);
         sex = (ch == 'm'?'m':'f');
     }
     void showStudent()
     {   cout << number <<"\t"<< name <<"\t"<< sex << endl;   }
```

```
};
student stu1,stu2                     //定义了两个名为 stu1、stu2 的实例
```

关于对象的定义应该注意：

(1) 在定义类的同时定义的对象是全局对象，在使用时定义的对象为局部对象。

(2) 一个类被定义后，并不占内存空间；只有当类被实例化生成对象后，对象才占有内存空间。

2. 对象成员的访问

在程序中使用一个对象，一般是通过对体现对象特征的数据成员的操作实现的。但是，由于封装性的要求，这些操作又是通过对象的成员函数实现的。对象成员就是该类所定义的成员，分为数据成员和函数成员。其表示方法分为通过对象访问成员和通过类指针访问成员两种形式。

(1) 通过对象访问成员使用运算符"."来实现，一般语法格式为：

对象名.数据成员

或

对象名.函数成员名(参数表)

(2) 通过类指针访问成员使用运算符"->"来实现，一般语法格式为：

对象指针名->数据成员

或

对象指针名->函数成员名(参数表)

【例 5-1】 对象访问的应用案例 1。

题目：定义一个盒子类(BOX)，在该类中要包括以下内容：

(1) 数据成员为私有访问属性：长(length)、宽(width)和高(height)。

(2) 成员函数为公有访问属性：设置盒子的长、宽、高(set)。

(3) 成员函数为公有访问属性：求盒子体积(vol)。

(4) 成员函数为公有访问属性：输出对象的长、宽、高(print)。

```
# include < iostream. h>
class BOX{
  private:                          //可以省略不写,默认访问属性为 private
     float length,width,height;
  public:
     void set(float x,float y,float z)
     {
        length = x;
        width = y;
        height = z;
     }
     void vol()
     {
```

```
        cout <<"vol = "<< length * width * height << endl;
      }
    void print()
    {
        cout <<"length = "<< length <<", width = "<< width <<", height = "<< height << endl;
    }
};
void main()
{
  BOX b;
  b.set(1,2,3);
  b.vol();
  b.print();
}
```

其运行结果如图 5-1 所示。

【例 5-2】 对象访问的应用案例 2。

题目：利用对象的访问显示学生的基本信息。

```
# include < iostream. h>
# include < cstring >
class student
{
    private:
        char number[10];
        char   name[20];
        char   sex;
    public:
        void setStudent(char  * p, char  * q, char ch)
        {
          strcpy(number, p);
          strcpy(name, q);
          sex = (ch == 'm'?'m':'f');
        }
        void showStudent()
{
cout <<"number:"<< number <<"\t"<<"name:"<< name <<"\t"<<"sex:"<< sex << endl;
}
};
void main()
{
    student stu1, stu2;
    char number1[10], name1[20], sex1;
    cout <<"please input number - name - sex   three numbers:";
    cin >> number1 >> name1 >> sex1;
    stu1.setStudent(number1, name1, sex1);
    cout <<"the information of stu1:";
    stu1.showStudent();
    stu2.setStudent("123456","wangwu",'f');
    cout <<"the information of stu2:";
    stu2.showStudent();
}
```

图 5-1　例 5-1 运行结果

其运行结果如图 5-2 所示。

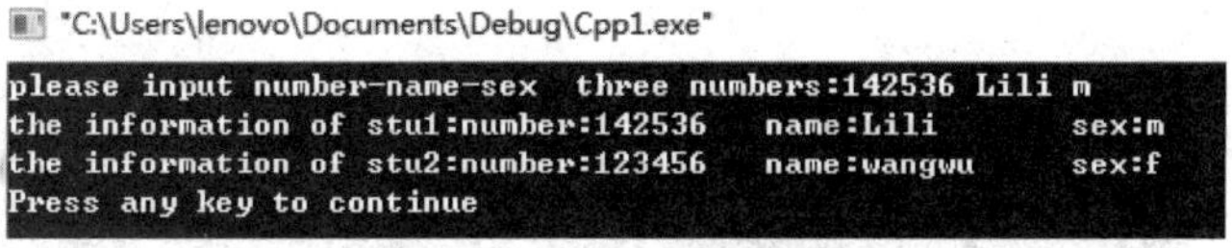

图 5-2　例 5-2 运行结果

3. 对象赋值语句

对于两个类型相同的变量,可以利用赋值语句实现将一个变量的值赋给另一个变量,同类型的对象也可以进行赋值,当一个对象赋值给另一个对象时,所有的数据成员都会逐位复制。

【例 5-3】　对象访问的应用案例 3。

题目: 修改例 5-2,利用对象赋值语句实现对象信息的显示。

```cpp
# include < iostream. h >
# include < cstring >
class student
{
    private:
        char number[10];
        char   name[20];
        char   sex;
    public:
        void setStudent(char * p,char * q,char ch)
        {
         strcpy(number,p);
         strcpy(name,q);
         sex = (ch == 'm'?'m':'f');
        }
        void showStudent()
        {
            cout <<"number:"<< number <<"\t"<<"name:"<< name <<"\t"<<"sex:"<< sex << endl;
        }
};
void main()
{
    student stu1,stu2;
    char number1[10],name1[20],sex1;
    cout <<"please input number - name - sex   three numbers:";
    cin >> number1 >> name1 >> sex1;
    stu1.setStudent(number1,name1,sex1);
    cout <<"the information of stu1:";
    stu1.showStudent();
    stu2 = stu1;                        //同类型对象赋值
    cout <<"the information of stu2:";
    stu2.showStudent();
}
```

其运行结果如图 5-3 所示。

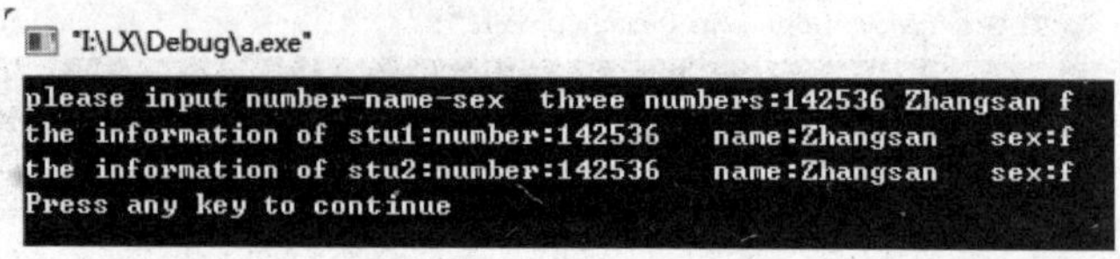

图 5-3 例 5-3 运行结果

5.2.4 类的成员函数

类的成员函数是函数的一种,它的操作与普通函数没有任何区别,只是它属于某一个类的成员,可以被指定为私有、公有或保护的。需要被外界调用的成员函数必须被指定为 public,因为它是类的对外接口。

成员函数可以在类的声明中定义,如例 5-1 中 BOX 类的 set( )函数、vol( )函数和 print( )函数。也可以在类中声明,在类外定义,在类外定义成员函数时,需要明确表明成员函数与类的所属关系,因此用二元作用域运算符“::”。

类的成员函数定义的一般语法格式为:

<返回类型><类名::><成员函数名>(参数表)
{
　　　　....//函数体
}

说明:

“::”为作用域运算符,指明该成员函数属于哪个类。关于在类外定义的成员函数,要注意如下问题:

(1) 在类外定义成员函数时,调用成员函数时必须在函数名前加“类名::”。

(2) 成员函数如果有参数,则其参数说明必须是完整的。

(3) 成员函数的返回类型应与函数原型声明相同。

将类定义和其成员函数定义分开,是目前开发程序的通用做法。但对于某些简单的函数成员,有时常将说明部分和实现部分合并在类体内,即成员函数定义为内联函数。若要使定义在类外的成员函数也成为内联的成员函数,可以在该函数的类型说明符之前使用关键字 inline。

对于类来说,一个类的所有数据成员和成员函数都在该类的作用域内,即使是在类声明的外部定义成员函数也不例外,一个类的任何成员都可以直接访问该类的其他任何成员。C++把类的所有成员都作为一个整体的相关部分,一个类的成员函数可以不受限制地访问该类的数据成员,而在该类作用域之外对该类的数据成员和成员函数的访问则要受到一定的限制,有时甚至是不允许的,充分体现了类的封装功能。

【例 5-4】 类的成员函数的应用案例。

题目:在类体外定义成员函数完善 Person 类的内容。

```
class Person                        //定义 Person 类
{
```

```
    private:                          //数据成员定义为 private 起到保护数据的作用
      char name[20];                  //不需要初始化
      char sex;
      int age;
    public:                           //成员函数定义为 public,作为外界访问数据成员的接口
      void  register(char * name,int age,char sex);
      void display();
};
void Person::register(char * p,char * q,char ch)
{
    strcpy(number,p);
    strcpy(name,q);
    sex = (ch == 'm'?'m':'f');
}
void Person::display()
{
    cout << number <<"\t"<< name <<"\t"<< sex << endl;
}
```

5.2.5　组合类

在类中,数据成员的类型可以是基本数据类型,也可以是用户自定义类型,自然也可以是类类型,即将其他类的对象作为一个类的成员。这样的成员称为对象成员,含有对象成员的类称为组合类。在 C++语言中将一个类的对象作为另一个类的成员出现,是对客观世界复杂性的一个真实表现,将复杂对象分解为简单子对象,由更容易理解的子对象组合成复杂的对象再处理,它们之间属于包含关系。

例如:

```
class date
{
 private:
      int year,month,day;
  public:
      void setDate(int ,int,int);
      void displayDate();
}
class Person
{
      char name[20];
      date birthday;                  //类 date 的对象 birthday,作为 Person 类的数据成员
  public:
      void setPerson(char * p,date);
      void showPerson();
}
```

5.2.6　程序实例

【例 5-5】 类与对象的应用案例 1。

题目:定义一个日期类类型,对日期内容按照不同格式进行输出。

```cpp
#include<iostream.h>
class date
{
    int day,month,year;
    public:
        void setdmy(int,int,int);
        void printymd();
        void printmdy();
};
void date::setdmy(int yy,int mm,int dd)
{
    year=(yy>=1990&&yy<=2100)?yy:1900;
    month=(mm>=1 &&mm<=12)?mm:1;
    day=(dd>=1 && dd<=31)?dd:1;
}
void date::printymd()
{
    cout<<year<<" - "<<month<<" - "<<day<<endl;
}
void date::printmdy()
{
    cout<<month<<" - "<<day<<" - "<<year<<endl;
}
void main()
{
    date   day1,day2;
    day1.printymd();                    //年月日未接收到初始值
    day1.setdmy(2016,11,28);
    day1.printymd();
    day1.printmdy();
    day2.setdmy(1806,14,32);            //年月日赋值有错
    day2.printymd();
    day2.printmdy();
}
```

其运行结果如图 5-4 所示。

图 5-4　例 5-5 运行结果

【**例 5-6**】　类与对象的应用案例 2。

题目：设置类点作为圆的数据成员（圆心），来验证类与对象之间的关系。

```cpp
#include<iostream.h>
class point
{
```

```cpp
    int x, y;
    public:
      void setPoint(int, int);
      int getX( )
      {
        return x;
      }
      int getY( )
      {
        return y;
      }
      void print( );
};
void point::setPoint(int a, int b)
{
    x = a;
    y = b;
}
void point::print( )
{
  cout <<'['<< x <<","<< y <<']';
}
class circle
{
 private:
    double r;
    point center;
public:
    void setR(double);
    void setCenter(point);
    double getR( );
    point getCenter( );
    double area( );
    void display( );
};
void circle::setR(double   rr)
{
  r = (rr>= 0?rr:0); }
void circle::setCenter(point   p)
{
  center = p;
}
double circle::getR( )
{
  return r;
}
point circle::getCenter( )
{
  return center;
}
double circle::area( )
```

```
    {
        return 3.14 * r * r;
    }
    void circle::display( )
    {
     cout <<"center:";
     center.print( );
     cout <<"\t"<<"r = "<< r << endl;
    }
    void main( )
    {
        point p,center;
        p.setPoint(10,20);
        center.setPoint(100,75);
        circle c;
        c.setCenter(center);
        c.setR(3.0);
        cout <<"Point p:";
        p.print( );
        cout <<"\nCircle c:";
        c.display( );
        cout <<"The center of circle c:";
        c.getCenter( ).print( );
        cout <<"\nThe area of circle c:"<< c.area( )<< endl;
    }
```

其运行结果如图 5-5 所示。

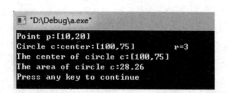

图 5-5　例 5-6 运行结果

5.3　构造函数和析构函数

　　类是一种抽象的数据类型,其数据成员不能在声明时初始化。当类实例化(对象)后,通过对象的初始化对数据成员进行赋值。在 C++语言中,提供了构造函数和析构函数。构造函数主要是负责创建对象时的初始化,而析构函数主要是负责释放对象时的清理现场,二者是类的特殊成员函数,二者作用相反,名称也正好相反。构造函数和析构函数之所以称为特殊的成员函数,是因为二者都没有类型说明符且程序中不能直接调用,在创建和撤销对象时由系统调用自动执行。

5.3.1 构造函数

1. 构造函数的定义

构造函数在每次生成类对象时自动被调用,其主要是负责对象创建的特殊成员函数,用于为对象分配空间,进行初始化。它除了具有一般成员函数的特征外,还具有以下特殊的性质:

(1) 构造函数的名字必须和类名相同。

(2) 构造函数可以有一个或多个参数,也可以没有参数,当对象初始化时,需要定义带参数的构造函数。

(3) 构造函数的说明可以在类体内,也可以在类体外,放在类体外的构造函数要在函数名前加上"类名∷"。

(4) 构造函数不能指定返回类型,函数体中不允许有返回值。

(5) 构造函数可以重载,一个类可以定义多个参数个数不同的构造函数。

(6) 如果一个类没有定义任何构造函数,C++就自动建立一个默认的构造函数,仅创建对象而不作任何初始化,默认构造函数是空函数,无参数,不能重载。

【例 5-7】 构造函数的应用案例 1。

题目:对例 5-5 进行修改,利用构造函数实现对数据成员的初始化。

```cpp
# include < iostream. h >
class date
{
  int day,month,year;
  public:
    date();                          //构造函数
    void setdmy(int,int,int);
    void printymd();
    void printmdy();
};
date::date()
{
  year = 1900;
  month = 1;
  day = 1;
}
void date::setdmy(int yy, int mm, int dd)
{
    year = (yy >= 1990&& yy <= 2100)?yy:1900;
    month = (mm >= 1 &&mm <= 12)?mm:1;
    day = (dd >= 1 && dd <= 31)?dd:1;
}
void date::printymd()
{
    cout << year <<" - "<< month <<" - "<< day << endl;
}
void date::printmdy()
{
    cout << month <<" - "<< day <<" - "<< year << endl;
```

```
    }
    void main()
    {
      date   day1,day2;
      cout <<"day1:";
      day1.printymd( );                    //年月日未接收到初始值
      day1.setdmy(2016,11,28);
      cout <<"day1_ymd:";
      day1.printymd( );
      cout <<"day1_mdy:";
      day1.printmdy( );
      day2.setdmy(1806,14,32);             //年月日赋值有错
      cout <<"day2:";
      day2.printymd( );
      day2 = day1;                         //同类型对象整体赋值
      cout <<"new day2:";
      day2.printmdy( );
    }
```

其运行结果如图 5-6 所示。

构造函数创建对象有以下两种方法：

（1）用构造函数直接创建对象，其格式为：

类名　对象名[(实参表)]

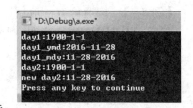

图 5-6　例 5-7 运行结果

说明："类名"与构造函数名相同，"实参表"是为构造函数提供的实际参数。

例如：date day1(2016,11,28);

（2）利用构造函数创建对象指针时，通过 new 来实现，其格式为：

类名　* 指针变量 = new 类名[(实参表)]

例如：date * p = new date(2016,11,11);

2. 成员初始化表

在声明类时，不能对数据成员在其声明中进行初始化，可以在构造函数中用赋值语句实现。但是对于常量类型和引用类型的数据成员则不能在构造函数中用赋值语句直接赋值。这就需要采用成员初始化来解决这一问题，就是在构造函数的头部使用参数初始化表实现对数据成员的初始化。带有成员初始化列表的构造函数的一般语法格式为：

类名::构造函数名([参数表])[:(成员初始化表)]
{
    …//构造函数体
}

成员初始化表的一般语法格式为：数据成员 1(初始值 1),数据成员 2(初始值 2),…

例如：

date::date(int y,int m,int d):year(y),month(m),day(d)
{

```
    //...
}
```

说明：通过初始化列表表明用形参 y 初始化数据成员 year，用形参 m 初始化数据成员 month，用形参 d 初始化数据成员 day。

3. 缺省参数的构造函数

对于带参数的构造函数，在定义对象时必须给函数传递参数，否则构造函数将不被执行。但在实际应用过程中，有些构造函数的参数值通常是不变的，只有在特殊情况下才需要改变它的参数值，这时可以将其定义成带缺省参数的构造函数。

例如：

```
date::date(int y, int m = 1, int d = 1)
{
    year = y;
    month = m;
    day = d;
}
```

若有如下对象实例化：

```
date d1(2016);
date d2(2016.11);
date d3(2016,11,28);
```

则表明 d1 表示 2016 年 1 月 1 日；d2 表示 2016 年 11 月 1 日；d3 表示 2016 年 11 月 28 日。

4. 缺省的构造函数

缺省的构造函数也称为默认的构造函数。一个类中可以不显式地定义构造函数，在实际应用中，通常要给每个类定义构造函数，如果没有为类定义构造函数，则编译系统会自动生成一个缺省的构造函数。其语法格式为：

```
类名::缺省的构造函数名()
{     }                          //空函数体，默认构造函数不做任何工作
```

系统自动生成的构造函数不带任何参数，它只能为对象开辟一个存储空间，而不能给对象中的数据成员赋初值，这时的初值是随机数，程序在运行时可能出现错误。因此给对象赋初值是非常重要的。

说明：

（1）对没有定义构造函数的类，其公有数据成员可以用初始化表进行初始化。

【例 5-8】 构造函数的应用案例 2。

题目：利用缺省构造函数演示类的初始化过程。

```
# include < iostream.h >
class Person
{public:
    char name[10];
    int age;
```

```
};
void main()
{
    Person  per1 = {"Leifeng",23};
    cout <<"姓名: "<< per1.name <<" 年龄: "<< per1.age << endl;
}
```

其运行结果如图 5-7 所示。

（2）与定义变量类似，在使用缺省的构造函数创建对象时，如果创建的是全局对象或静态对象，则对象的所有数据成员初始化为 0 或空，否则，对象的成员是随机的。

图 5-7　例 5-8 运行结果

【例 5-9】　构造函数的应用案例 3。

题目：使用缺省构造函数的类中的全局对象或静态对象演示类的初始化过程。

```
# include < iostream. h >
class Person{
  public:
    char name[10];
    int age;
}per1;                              //全局对象
void main()
{
    cout <<"姓名: "<< per1.name <<"    年龄: "<< per1.age << endl;
    Person  per2;                   //局部对象
    cout <<"姓名: "<< per2.name <<"    年龄: "<< per2.age << endl;
}
```

其运行结果如图 5-8 所示。

图 5-8　例 5-9 运行结果

（3）只要一个类定义了构造函数，系统将不会再为其提供缺省的构造函数。

【例 5-10】　构造函数的应用案例 4。

题目：定义了构造函数，系统不再提供缺省的构造函数。

```
# include < iostream. h >
class Person{
  private:
    char name[10];
    int age;
  public:
    Person(char x[10],int y);
    void showPerson();
};
Person::Person(char x[10],int y)
```

```
{
    strcpy(name,x);
    age = y;
}
void Person::showPerson()
{
    cout <<"姓名: "<< name <<"年龄: "<< age << endl;
}
void main()
{   Person per1;                        //不能提供缺省构造函数,因此出错
    per1.showPerson();
    Person per2("wangming",18);
    per2.showPerson();
}
```

其运行结果如图 5-9 所示。

```
D:\a.cpp(22) : error C2512: 'Person' : no appropriate default constructor available
执行 cl.exe 时出错.

a.obj - 1 error(s), 0 warning(s)
```

图 5-9　例 5-10 运行结果

5.3.2　复制构造函数

类的复制构造函数也称拷贝构造函数,是 C++引入的一种特殊的构造函数,其名称与类名相同。当用一个已知对象初始化另一个对象时(引用的概念),系统将自动调用复制构造函数进行对象之间的值拷贝。

1. 复制构造函数的定义

复制构造函数的一般语法格式为:

```
类名::类名(类名 & 对象名)
{
    //复制构造函数的函数体
}
```

例如:

```
Person::Person(Person & per)
{
    Strcpy(name,per.name);
    Age = per.age;
}
```

由此可以看出:

(1) 复制构造函数和构造函数一样不能指定有任何返回类型,函数体中不允许有返回值。

(2) 复制构造函数只有一个参数,并且该参数是所在类的对象的引用。

(3) 复制构造函数的说明可以在类体内,也可以在类体外,放在类体外的复制构造函数

名前要加上"类名∷"。

2. 缺省的复制构造函数

如果没有为类定义任何复制构造函数，C++就会自动建立一个默认的复制构造函数。该函数的功能是将已知对象的所有数据成员的值拷贝给相应对象的所有数据成员。例如，前面的 Person 类默认的复制构造函数就是完成以上代码的功能，因此对于 Person 类可以不必再定义复制构造函数，采用默认的复制构造函数即可。

3. 调用复制构造函数

众所周知，普通的构造函数是在创建对象时被调用，而复制构造函数在以下三种情况下都会被调用：

（1）当用类的一个对象去初始化该类的另一个对象时。例如：

```
Person per1("zhangsan",18);
Person per2 = per1;                    //调用复制构造函数,等价于 per2.Person(per1);
Person per3(per1);                     //调用复制构造函数,等价于 per3.Person(per1);
```

（2）当函数的形参是类的对象，调用函数，进行形参和实参结合时。例如：

```
void showPerson(Person per1){}
void main()
{
  Person per2("zhangsan",18);
  showPerson(per2);                    //调用 showPerson 函数时,形参与实参的结合调用复制构造函数
}
```

（3）当函数的返回值是类的对象，函数执行完毕，返回调用者时。例如：

```
Person fun()                           //函数类型为 Person 类类型
{
  Person per1("zhangsan",18);
  return per1;
}
void main()
{
  Person per2;
  per2 = fun();                        //函数返回值赋值给对象 per2,调用复制构造函数
}
```

总之，凡是对象间复制都要调用复制构造函数。

5.3.3　组合类的构造函数

在前面介绍过组合类的概念，组合类是为了更好地表达现实世界中的复杂对象而存在的。在建立组合类对象时，不仅要对组合类对象进行初始化，还要对对象成员初始化。组合类的构造函数语法格式为：

```
类名∷构造函数名(参数总表):对象成员 1(参数名表 1),…,对象名 n(参数名表 n)
{
        //组合类构造函数函数体
}
```

说明：

（1）"："后面部分统称为初始化列表，列表中的各参数来自参数总表。

（2）初始化列表是构造函数体的一部分。因此在构造函数声明时，这部分不能出现。

（3）对于类中某些需要初始化的数据成员，也可以出现在初始化列表中，格式为：

类名::构造函数名(参数总表):数据成员 1(初始值 1),…,数据成员 n(初始值 n)

注意：由于列表中的各参数相当于函数的实参，所以不需要类型说明。

【例 5-11】 构造函数的应用案例 5。

题目：利用组合类构造函数，实现组合类对象的初始化。

```cpp
# include < iostream. h>
class date
{
 private:
    int year,month,day;
public:
    date(int ,int,int);
    void displayDate()
    {
      cout <<"   year:"<< year <<" month: "<< month <<" day: "<< day << endl;
    }
};
date::date(int x,int y,int z)
{
  year = x;
  month = y;
  day = z;
}
class Person
{
    char sex;
    date birthday;              //date 类的对象 birthday 作为 Person 类的数据成员
public:
    Person(char p,date dt);     //组合类的构造函数的声明
    showPerson();
};
Person::Person(char p,date dt):sex(p),birthday(dt)   //组合类的构造函数的定义
{  }
Person::showPerson()
{
   cout <<"sex:"<< sex << endl;
   cout <<"birthday: "<< endl;
   birthday.displayDate();
   cout << endl;
}
void main()
{
 date dd(2016,11,29);
 char sex;
```

```
    cout <<"please input a char of sex('f'/'m'): ";
    cin >> sex;
    Person per(sex,dd);
    per.showPerson();
}
```

其运行结果如图 5-10 所示。

总之,组合类的构造函数的执行顺序为:

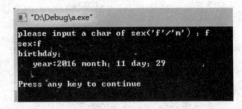

图 5-10　例 5-11 运行结果

(1) 首先调用组合类各对象成员的构造函数,完成对象成员的初始化。调用顺序为对象成员在组合类中定义时的先后顺序。

(2) 执行初始化列表中数据成员的初始化。

(3) 执行组合类构造函数的函数体。

5.3.4　析构函数

在创建某一个类的对象时,该类的构造函数能够为该对象分配一些资源,当这些对象不需要时,在该对象不复存在之前,应该释放构造函数所分配的资源,以供其他对象使用,目的是提高资源的利用率。析构函数就是完成这一任务的一种特殊的成员函数,它的执行与构造函数相反,通常用于撤销对象时的一些清理任务,如释放分配空间等。

1. 析构函数的构成与作用

类的析构函数由类名和逻辑非(~)组成,其语法格式为:

```
~类名()
{
    //析构函数函数体
}
```

例如:

```
class date
{
 private:
    int year,month,day;
public:
    date(int ,int,int);
    ~date();                    //析构函数声明
    void displayDate()
    {
      cout <<"    year:"<< year <<" month: "<< month <<" day: "<< day << endl;
    }
};
```

只要对象被创建,系统就会自动调用构造函数,当对象撤销时,系统也会自动调用对象的析构函数,调用析构函数的顺序和创建对象的顺序刚好相反。在以下情况下,析构函数会自动被调用:

(1) 如果一个对象被定义在一个函数体内,当这个函数结束时,该对象的析构函数被系统自动调用。

（2）若使用 new 运算符动态创建一个对象，在使用 delete 运算符释放时，delete 将会自动调用析构函数。

总之，析构函数具有以下的特点：

（1）当一个对象的生命周期结束时，C++会自动调用析构函数进行对象生命周期结束前的必要工作。

（2）析构函数的名称与类名相同，但前面加上逻辑非运算符，表明其功能和构造函数相反。

（3）析构函数无函数返回类型，函数名前也不能写 void，通常被声明为 public 成员。

（4）析构函数没有参数，因此析构函数不能重载，一个类只能定义一个析构函数。如果一个类没有定义任何析构函数，C++就会自动建立一个默认的析构函数，只执行清理任务。默认析构函数是空函数，无参数，也不能重载。

（5）析构函数的说明可以在类体内，也可以在类体外。放在类体外的析构函数名前要加上"类名::"。

2. 缺省的析构函数

每个类必须有一个析构函数，如果没有显式地为一个类定义析构函数，编译系统会自动生成一个缺省的析构函数。其语法格式为：

```
类名::～析构函数名()
   {   }                    //函数体为空
```

如编译系统为类 Person 生成缺省的析构函数如下：

```
Person::～Person()
{   }
```

对于大多数类而言，缺省的析构函数就能满足要求，但是，如果在一个对象完成其操作之前需要做一些内部处理，则应该显式地定义析构函数。

【例 5-12】 析构函数的应用案例。

题目：完善例题 5-10，为 Person 类创建显式的构造函数和析构函数，实现对数据成员的初始化以及对象释放后的情况显示。

```
# include < cstring >
# include < iostream. h >
class Person
{
  private:
    char name[10];
    int age;
public:
    Person(char x[10], int y);
    ～Person();                //析构函数声明
    void showPerson();
};
Person::Person(char x[10], int y)
```

```
{
  strcpy(name, x);
  age = y;
}
Person::~Person()            //析构函数定义
{
  cout <<"The object of Person is destroying!"<< endl;
}
void Person::showPerson()
{
  cout <<"姓名: "<< name <<"年龄: "<< age << endl;
}
void main()
{
  Person per1("wangming",18);
  per1.showPerson();
}
```

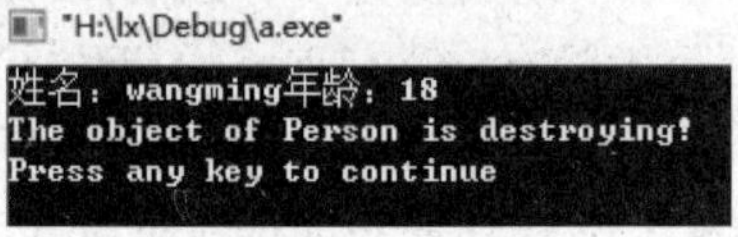

图 5-11　例 5-12 运行结果

其运行结果如图 5-11 所示。

5.3.5　浅拷贝和深拷贝

由缺省的复制构造函数所实现的数据成员逐一赋值称为浅拷贝。通常浅拷贝是能够胜任对象之间值的拷贝工作的,但若类中还有指针类型的数据如采用默认的复制构造函数完成这种按数据成员逐一赋值的方法将会产生内存泄漏和重复释放等错误。

【例 5-13】　浅拷贝和深拷贝的应用案例 1。

题目:浅拷贝可能出现的问题。

```
# include < iostream. h >
# include < cstring >
class Student
{
  public:
    Student(char * p, float score1)
    {
      name = new char[strlen(p) + 1];
      if(name!= 0)
      {
        strcpy(name, p);
        score = score1;
      }
    cout <<"创建函数: "<< name <<"   "<< score << endl;
    }
    ~Student();
  private:
    char * name;
    float score;
};
Student::~Student()
{
```

```
        cout <<"销毁函数: "<< name <<"  "<< score << endl;
        name[0] = '\0';
        delete name;
    }
    void main()
    {
        Student stu1("wangming",90.5);
        Student stu2 = stu1;
    }
```

其运行结果如图 5-12 所示。

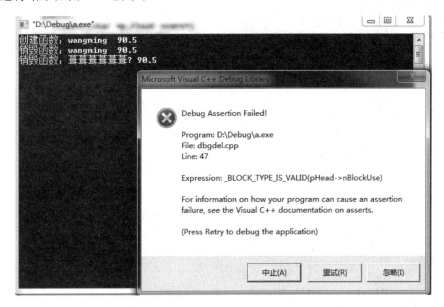

图 5-12　例 5-13 运行结果

说明：程序开始运行，创建对象 stu1 时，调用构造函数，用运算符 new 从内存中动态分配空间。字符串 name 指向这个内存块。这时就产生第一行输出"创建函数：wangming 90.5"；执行语句"Student stu2＝stu1;"时，因为没有定义复制构造函数，于是就调用缺省的复制构造函数，把对象 stu1 的数据成员逐个拷贝到 stu2 的对应数据成员中，使得 stu2 和 stu1 完全一样，但并没有新分配内存空间给 stu2，主程序结束时，对象逐个撤销，先撤销对象 stu2，第一次调用析构函数，用运算符 delete 释放动态分配的内存空间，并同时得到第二行输出"撤销函数：wangming 90.5"；撤销对象 stu1 时，第二次调用析构函数，因为这时指针 name 所指的空间已被释放，所以出错。也就是说两个独立的对象共享一块动态存储区，当两个对象生命期结束时，分别调用析构函数释放内存，这时就出现了一个区域两次释放的问题，因此出错。

为了解决浅拷贝的错误，必须显式地定义一个自己的复制构造函数，使之不但拷贝数据成员，而且为对象 stu1 和 stu2 分配各自的内存空间，这就是所谓的深拷贝。

【例 5-14】　浅拷贝和深拷贝的应用案例。

题目：深拷贝的应用，实现对象间的正确赋值。

```cpp
# include < iostream. h >
# include < cstring >
class Student
{
  public:
    Student(char * p, float score1);
    Student(Student & stu);
    ~Student();
  private:
    char * name;
    float score;
};
Student::Student(char * p, float score1)
{
    cout <<"创建函数: "<< p <<"   "<< score << endl;
    name = new char[strlen(p) + 1];
    if(name!= 0)
     {
        strcpy(name, p);
        score = score1;
     }
}
Student::Student(Student &stu)
{
    cout <<"复制创建函数: "<< stu. name <<"   "<< stu. score << endl;
    name = new char[strlen(stu. name) + 1];
    if(name!= 0)
     {
        strcpy(name, stu. name);
        score = stu. score;
     }
}
Student::~Student()
{
  cout <<"销毁函数: "<< name <<"   "<< score << endl;
  name[0] = '\0';
  delete name;
}
void main()
{
    Student stu1("wangming", 90.5);
    Student stu2 = stu1;
}
```

其运行结果如图 5-13 所示。

说明：程序开始运行，创建对象 stu1 时，调用构造函数，执行输出语句时 score 变量还没有初始化，所以在第一行输出"创建函数：wangming 随机数"。

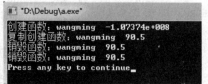

图 5-13　例 5-14 运行结果

5.4 综合案例——公司人员管理系统 5

在公司人员管理系统中涉及两个类 Person（人员）和 Company（公司），其具体定义如下：

```
//Person类的定义
class Person
{
  protected:
    int No;
    char name[10];
    int duty;
    double earning;
    Person * next;
  public:
    Person(char ID,char * Name,int duty)
    {
      this -> duty = duty;
      strcpy(this -> name,Name);
      this -> No = ID;
    }
    ...
};
//Company类的定义
class Company
{
  private:
    Person * Worker;
    void clear();                //清除内存中的数据
  public:
    Company()
    {
      Worker = 0;
      Load();
    }
    ~Company()
    {
      Person * p;
      P = Worker;
      while(p)
      {
        p = p -> next;
        delete Worker;
        Worker = p;
      }
    Worker = 0;
    }
```

```
        void add();
        void delet();
        void modify();
        void query();
        void set();
        void save();
        void Load();
    };
```

5.5 小结

本章重点介绍了面向对象程序设计的类与对象的概念以及它们之间的关系,类是对象的抽象,对象是类的具体。在定义类时需要注意类包括数据成员和成员函数,成员函数可以在类体内定义也可以在类体外定义,在类体外定义时必须加上类名∷,以确定属于哪个类的成员函数。最后介绍了构造函数和析构函数,构造函数完成数据成员初始化的工作,而析构函数完成的是释放内存、清理空间的工作。特殊的组合类的构造函数以及复制构造函数属于特殊的构造函数,功能是一样的,主要是针对特殊问题采用的特殊机制。

习题 5

1. 选择题

(1) 若有以下说明,则在类外使用对象 objX 成员的正确语句是(　　)。

```
class X
{
  int a;
      void fun1();
  public:
      void fun2();
};
X objX;
```

　　(A) objX. a＝0;　　　(B) objX. fun1();　　(C) objX. fun2();　　(D) X∷fun1();

(2) 若有以下说明,则对 n 的正确访问语句是(　　)。

```
class Y
{
  //… ;
  public:
    int n;
};
int Y∷n;
```

Y objY;

    (A) n=1;   (B) Y::n=1;   (C) objY::n=1;   (D) Y->n

（3）若有以下类 Z 说明，则函数 fStatic 中访问数据 a 错误的是（　　　）。

```
class Z
{
  private:
  static int a;
public:
  static void fStatic(Z&);
};
int Z::a = 0;
Z objZ;
```

    (A) void Z::fStatic()　｛ objZ.a =1；｝

    (B) void Z::fStatic()　｛ a = 1；｝

    (C) void Z::fStatic()　｛ this->a = 0；｝

    (D) void Z::fStatic()　｛ Z::a = 0；｝

（4）若有以下类 W 说明，则函数 fConst 的正确定义是（　　　）。

```
class W
{
  private:
    int a;
  public:
    void fConst(int&) const;
};
```

    (A) void W::fConst(int &k)const　｛ k = a；｝

    (B) void W::fConst(int &k)const　｛ k = a++；｝

    (C) void W::fConst(int &k)const　｛ cin >> a；｝

    (D) void W::fConst(int &k)const　｛ a = k；｝

（5）若有以下类 T 说明，则函数 fFriend 的错误定义是（　　　）。

```
class T
{
  int i;
  void fFriend( T&, int );
};
```

    (A) void fFriend(T &objT, int k)　｛ objT.i = k；｝

    (B) void fFriend(T &objT, int k)　｛ k = objT.i；｝

    (C) void T::fFriend(T &objT, int k)　｛ k += objT.i；｝

    (D) void fFriend(T &objT, int k)　｛ objT.i += k；｝

（6）在类定义的外部，可以被访问的成员有（　　　）。

    (A) 所有类成员　 (B) private 或 protected 的类成员

    (C) public 的类成员　 (D) public 或 private 的类成员

　　(7) 关于 this 指针的说法正确的是(　　)。

　　　　(A) this 指针必须显式说明

　　　　(B) 定义一个类后,this 指针就指向该类

　　　　(C) 成员函数拥有 this 指针

　　　　(D) 静态成员函数拥有 this 指针

　　(8) 下面对构造函数的不正确描述是(　　)。

　　　　(A) 用户定义的构造函数不是必需的

　　　　(B) 构造函数可以重载

　　　　(C) 构造函数可以有参数,也可以有返回值

　　　　(D) 构造函数可以设置默认参数

　　(9) 下面对析构函数的正确描述是(　　)。

　　　　(A) 系统在任何情况下都能正确析构对象

　　　　(B) 用户必须定义类的析构函数

　　　　(C) 析构函数没有参数,也没有返回值

　　　　(D) 析构函数可以设置默认参数

2. 简答题

(1) 什么是构造函数? 什么是析构函数?

(2) 什么是封装? 有什么好处?

(3) 在 main 函数中,要求创建某一种图书对象,并对该图书进行简单的显示、借阅和归还管理。

第6章

数据的共享与保护

本章学习目标

- 了解标识符的作用域及可见性；
- 理解变量的存储类型及生命周期；
- 了解并掌握类的静态成员；
- 理解类的友元概念及应用；
- 了解并掌握常对象和常引用的定义及应用。

本章主要介绍标识符的作用域与可见性的概念，以及二者之间的关系；并针对变量的生命周期进行了说明；重点介绍类中的静态成员的应用及意义；利用案例对友元的概念进行了诠释；最后简略地介绍常对象与常引用的定义及应用。

6.1 标识符的作用域与可见性

标识符的作用域是指标识符的有效作用范围，标识符的可见性是指标识符是否可以被访问，标识符只有在其作用域内是可见的，或者说在该区域内是可以使用的，而在作用域以外是不能访问的。标识符的作用域主要包括局部作用域、文件作用域（即全局作用域）、函数原型作用域、类作用域和名字空间。

6.1.1 作用域

1. 局部作用域

由"{ }"括起来的程序段称之为块。在块内定义的标识符，其作用域仅限于该块，称为局部作用域。如在函数、复合语句内定义的局部变量，函数定义时形参都具有局部作用域，只在块内有效。

【例6-1】 局部变量和全局变量的应用案例1。

题目：通过键盘输入任意两个数，要求第一个数中放小数，第二个数中放大数。

```
# include < iostream.h >
void main()
```

```
{
    int a,b;                            //局部变量 a、b
    cout <<"请输入两个整数: "<< endl;
    cin >> a >> b;
    if(a > b)
    {
        int t;                          //局部变量 t,仅作用在复合语句内
        t = a; a = b; b = t;
    }
    cout <<"a = "<< a <<",b = "<< b << endl;
}
```

其运行结果如图 6-1 所示。

【例 6-2】 全局变量和局部变量的应用案例 2。

题目：编写一个求方程 $ax^2 + bx + c = 0$ 的根的程序，用三个函数分别求当 $b^2 - 4ac$ 大于零、等于零以及小于零时的方程的根。要求从主函数输入 a、b、c 的值并输出结果。

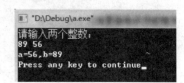

图 6-1　例 6-1 运行结果

```
#include < iostream. h >
#include < math. h >
void equation_1 (int a, int b, int c)        //局部变量 a、b、c
{
    double x1, x2, temp;                     //局部变量 x1、x2、temp
    temp = b * b - 4 * a * c;
    x1 = (-b + sqrt(temp)) / (2 * a * 1.0);
    x2 = (-b - sqrt(temp)) / (2 * a * 1.0);
    cout <<"两个不相等的实根: "<< endl;
    cout <<"x1 = "<< x1 <<",   x2 = "<< x2 << endl;
}
void equation_2 (int a, int b, int c)
{
    double x1, x2, temp;
    temp = b * b - 4 * a * c;
    x1 = (-b + sqrt(temp)) / (2 * a * 1.0);
    x2 = x1;
    cout <<"两个相等的实根: "<< endl;
    cout <<"x1 = "<< x1 <<",   x2 = "<< x2 << endl;
}
void equation_3 (int a, int b, int c)
{
    double temp, real1, real2, image1, image2;
    temp = - (b * b - 4 * a * c);
    real1 = -b / (2 * a * 1.0);
    real2 = real1;
    image1 = sqrt(temp);
    image2 = - image1;
    cout <<"两个虚根: "<< endl;
    cout <<"x1 = "<< real1 <<" + "<< image1 <<"j"<< endl;
    cout <<"x2 = "<< real2 <<" + "<< image2 <<"j"<< endl;
```

```
    }
    void main()
    {
        int a, b, c;                          //局部变量 a、b、c
        double temp;                          //局部变量 temp
        cout <<"输入 a,b,c 的值: "<< endl;
        cin >> a >> b >> c;
        cout <<"方程为: "<< a <<" * x * x + "<< b <<" * x + "<< c <<" = 0"<< endl;
        temp = b * b - 4 * a * c;
        if(temp > 0)
            equation_1 (a, b, c);
        if(temp == 0)
            equation_2 (a, b, c);
        if(temp < 0)
            equation_3 (a, b, c);
    }
```

其运行结果如图 6-2 所示。

可见,局部变量具有局部作用域,使程序在不同块中可以定义同名变量,这些同名变量在各自作用域中可见,在其他地方不可见,这样为模块化程序设计提供了方便。

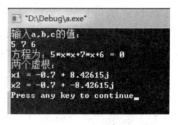

图 6-2　例 6-2 运行结果

2. 函数原型作用域

在进行函数声明时,形参作用域只在函数声明的形参表中,因此通常在函数声明时,可以只声明形参的类型,不声明形参名。而且形参名也可以随意命名,不必与函数定义中的形参名相同。因此,函数的形参为函数原型作用域。

3. 文件作用域

文件作用域也称为全局作用域。定义在所有函数之外的标识符具有文件作用域,其作用范围为从标识符定义处到文件结束处。文件中定义的全局变量具有文件作用域。由于在 C++语言中不允许嵌套定义函数,因此不存在局部函数。所有函数都具有文件作用域。

如果某个文件中说明了具有文件作用域的标识符,且该文件又被另一个文件包含,则该标识符的作用域将延伸到新的文件中。如 cin 和 cout 是在头文件 iostream 中说明的标识符,它们的作用域也延伸到所有包含 iostream 的文件中。

需要说明的是,常变量和用户自定义类型,通常都放在函数外定义,使其具有文件作用域,如果放在函数内定义,是局部作用域,就限制了常变量或自定义类型的使用范围。

【例 6-3】 全局变量和局部变量的应用案例 3。

题目: 验证全局变量和局部变量的作用域。

```
# include < iostream. h>
int x;                              //全局变量 x
int fun1(int x)                     //局部变量 x
{
    return x * x;
}
```

```
int fun2(int y)
{
    int x = y + 3;                          //局部变量 x
    return x * x;
}
void main()
{
    x = 0;                                  //全局变量 x
    cout << "the result of the fun1: " << fun1(3) << endl;
    cout << "the result of the fun2: " << fun2(5) << endl;
    cout << "x = " << x << endl;
}
```

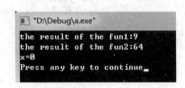

图 6-3   例 6-3 运行结果

其运行结果如图 6-3 所示。

6.1.2 可见性

标识符的可见性,是指程序运行到某一点时,能够访问该标识符。可见性和作用域之间有着密切的关系,它们具有如下一般规则:

(1) 所有标识符必须先声明后使用。

(2) 在同一个作用域内,不能声明同名标识符。

(3) 在没有包含关系的两个作用域中可以声明同名标识符。

(4) 如果在两个或多个具有包含关系的作用域中,声明了同名标识符,则外层标识符在内层不可见。即遵循局部优先的原则,内层块屏蔽外层块中的同名变量。

如果块内定义的局部变量与全局变量同名,则在块内仍然是局部变量优先,但可以通过作用域运算符"::"访问同名的全局变量。

【例 6-4】 变量可见性的应用案例。

题目:验证变量的可见性。

```
# include < iostream.h >
int a = 1;                                  //全局变量,可见范围为从定义开始到程序结束
void main()
{
    char b = 'A';
        {
        c:  int a = 2;                      //局部变量,可见范围为定义开始到语句标号 a 处
            {
                double a = 3.14;            //局部变量,可见范围为定义开始到语句标号 b 处
                short c = 10;
                b += 1;
                a = 4;
                cout << a << '\t';
                cout << ::a << '\t';
        b:  }
            {
                long c = 5;
                a++;                        //使用的是语句标号 c 处定义的局部变量 a
                cout << a << '\t';
```

```
        }
        cout << a <<'\t';
        cout << b <<'\t';
    a:  }
    cout << a << endl;                    //使用的是全局变量 a
}
```

其运行结果如图 6-4 所示。

图 6-4　例 6-4 运行结果

6.2　存储类型和标识符的生存期

存储类型决定标识符的存储区域,即编译器在不同区域为不同存储类型的标识符分配空间。由于存储区域不同,标识符的生命期也不同。标识符只有在生命期中,并且在其作用域中才能被访问。

6.2.1　存储类型

在 C++中,根据变量存在时间的不同,可以将存储类别分为 4 种:自动类型(Auto)、静态类型(Static)、寄存器类型(Register)和外部类型(Extern)。

1. 自动类型

我们之前列举的案例中,所有的局部变量都是自动变量。自动类型的变量是指定义在块内,用 auto 声明的变量。通常 auto 可以省略,可以放在类型说明符和变量名之间也可以放在类型说明符之前。其格式为:

auto 类型说明符 变量名表;

或者

类型说明符 auto 变量名表;

其生命期开始于块的执行,结束于块的结束,其原因是自动变量存放在栈中,块开始执行时系统为标识符分配栈空间,块执行结束时系统释放相应的栈空间。因此自动变量的生命期和作用域是一致的。

总之,自动变量的特点是在程序运行到自动变量的作用域中时才为其自动分配内存空间,此后才可以访问该变量中的数据。一旦退出该自动变量的函数或复合语句之后,程序会自动回收自动变量的存储空间,释放后的空间可以重新分配给其他变量使用。自动变量的初始值需要用户来定义,若用户没有给其赋值,该变量将通过系统获得一个随机数。在不同的函数中或者函数的不同语句块中可以使用同名变量,变量不能混淆,因为各自在各自的可见范围内起作用,实现了数据的屏蔽。

2. 寄存器类型

寄存器变量说明时用 register 修饰,如:

```
register int i;
```

寄存器变量也是局部变量,只能在块内定义。系统尽可能使寄存器变量保存在寄存器中,以提高程序运行速度。但寄存器有限,编译器也可能把这种变量放在内存中,因此,一般不提倡使用寄存器变量。

3. 静态类型

用 static 修饰的变量称为静态变量。静态变量和全局变量一样也存储在全局数据区。静态变量的特点是在程序开始运行之前就为其分配存储空间,在程序的整个运行过程中静态变量一直占用该存储空间,直到整个程序运行结束为止。静态变量的生存周期就是整个程序的运行期。此外,静态变量和自动变量不同,定义的时候可以初始化也可以不赋值,若用户没有给静态变量赋初始值,则静态变量默认初始值为 0,且初始化只进行一次。静态变量的声明格式:

```
static   <数据类型><变量名表>;
```

根据定义位置不同,静态变量还可分为静态局部变量和静态全局变量。在函数或块内定义,称为静态局部变量;在函数外定义,称为静态全局变量。静态局部变量的作用域是定义它的函数或块,在程序运行结束时才释放空间。其间静态局部变量的值一直存在,不受函数调用和返回值的影响。以后该函数再被调用,静态局部变量仍然保持上一次函数调用结束时的值。所以在函数退出时,希望保留某个局部变量的值,使下一次调用该函数时,该值还可继续使用,就可以把该局部变量定义为静态的。

【例 6-5】 存储类型的应用案例 1。

题目:通过全局变量、自动局部变量和静态局部变量的应用来验证存储类型的意义。

```cpp
# include < iostream. h>
void fun();
int   c = 1;
void main()
{
  int a = 3, b = - 8;
  cout <<"a = "<< a <<"\t"<<"b = "<< b <<"\t"<<"c = "<< c << endl;
  fun();
  cout <<"a = "<< a <<"\t"<<"b = "<< b <<"\t"<<"c = "<< c << endl;
  fun();
}
void fun()
{
  int static a = 2;
  int b = 10;
  a += 3, b += 5;
  c += 12;
  cout <<"a = "<< a <<"\t"<<"b = "<< b <<"\t"<<"c = "<< c << endl;
}
```

其运行结果如图 6-5 所示。

【例 6-6】 存储类型的应用案例 2。

题目：利用函数统计被调函数被调用的次数。

```
# include < iostream.h>
int fun();
void   main()
{
  int i,j;
  for(i = 0;i < 15;i++)
     j = fun();
  cout <<"函数调用的次数为: "<< j << endl;
}
int fun()
{
 static int count;                    //没有初始化,count 的初始值为 0
 return    ++count;                   //注意前缀形式
}
```

其运行结果如图 6-6 所示。

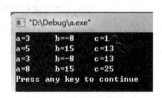

图 6-5 例 6-5 运行结果

图 6-6 例 6-6 运行结果

4. 外部类型

一个 C++程序可以由多个源程序文件组成。多个源程序文件可以通过外部存储类型的变量和函数来实现数据和操作的共享。

在一个程序文件外部定义的全局变量和函数默认为外部的,其作用域可以延伸到程序的其他文件中。但其他文件如果要使用这个文件中定义的全局变量和函数,则应该在使用前用 extern 进行外部声明,表示该全局变量或函数不是在本文件中定义的。外部声明通常放在文件的开头(外部函数声明总是省略 extern)。其语法格式为:

extern 数据类型 变量名 1[,变量名 2,...变量名 n];

此外,在同一个文件中,如果在全局变量定义点之前的函数要访问该全局变量,那么也必须对其进行外部变量声明,以满足先定义后使用的原则,所以全局变量定义最好集中在文件的起始部分。

外部变量声明不同于全局变量定义,变量定义时编译器为其分配存储空间,而变量声明则表示该全局变量已在其他地方定义过,编译器不再为其分配存储空间,直接使用变量定义时所分配的空间。这就是定义与声明的区别。因此,所声明的变量名和类型必须与定义时声明的完全相同。

【例 6-7】 外部类型定义的应用案例。

题目：验证通过外部类型的声明，延伸变量的作用域。

```
# include < iostream. h >
void fun();
int n;
void main()
{
  n = 1;
  fun();
  cout <<"n = "<< n << endl;
}
//另创建一个 C++源程序文件
extern int n;
void fun()
{
  n = 3;
}
```

其运行结果如图 6-7 所示。

外部的全局变量或函数加上 static 修饰就成为静态全局变量或静态函数。静态的全局变量和函数的作用域限制在本文件中，其他文件即使进行外部声明也无法使用该全局变量或函数。

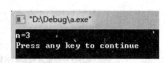

图 6-7　例 6-7 运行结果

6.2.2　标识符的生存期

标识符的生存期也叫做生命周期。生命周期与存储区域有关，存储区域分为代码区、全局数据区、栈区和自由存储区，相应地，生命周期分为静态生命期、局部生命期和动态生命期。

1. 静态生命期

静态生命期指的是标识符从程序开始运行时就存在，并占有存储空间，到程序运行结束时消亡，释放存储空间。将具有静态生命期的标识符存放在全局数据区中，属于静态存储类型。全局变量、静态全局变量、静态局部变量都具有静态生命期。具有静态生命期的标识符在未被用户初始化的情况下，系统会自动将其初始化为 0。函数驻留在代码区时，也具有静态生命期。所有具有文件作用域的标识符都具有静态生命期。

2. 局部生命期

在函数或块内定义的非静态类型的标识符具有局部生命期，其生命期开始于程序执行到该函数或块的标识符定义处，结束于该函数或块的结束处。具有局部生命期的标识符存放在栈区中。具有局部生命期的标识符如果未被初始化，其值是随机的。

具有局部生命期的标识符必定具有局部作用域，但反之不然。如静态局部变量具有局部作用域，但却具有静态生命期。

3. 动态生命期

具有动态生命期的标识符存放在自由存储区中，由特定的函数调用或运算来创建和释放。如用 new 运算为变量分配存储空间时，变量的生命期开始，而用 delete 运算释放空间时，变量生命期结束。

各类变量的作用域、可见性以及生命期的总结如表 6-1 所示。

表 6-1　变量特性表

变量类型	作 用 域	可 见 性	生 命 周 期	作为外部变量
全局变量	定义处至文件结束	定义处至文件结束	同程序	可以
局部自动变量	所在块	所在块	所在块	不可以
静态全局变量	定义处至文件结束	定义处至文件结束	同程序	不可以
静态局部变量	所在块	所在块	同程序	不可以

【例 6-8】 变量生命周期的应用案例。

题目：通过变量的应用，要求编写代码实现可以打印出任意一年的日历。

```cpp
# include < iostream. h >
const int YES = 1;
const int NO = 0;
int isleap(int year)
{
    int leap = NO;
    if(year % 4 == 0 && year % 100!= 0||year % 400 == 0)
        leap = YES;
    return leap;
}
int week_of_newyears_day(int year)
{
    int n;
    n = year - 1900;
    n = n + (n - 1)/4 + 1;
    n = n % 7;
    return n;
}
void main()
{
    int year,month,day,weekday,len_of_month,i;
    cout <<"please input the year: ";
    cin >> year;
    cout << endl << year <<"年"<< endl;
    weekday = week_of_newyears_day(year);
    for(month = 1;month <= 12;month++)
    {
        cout << endl << month <<"月"<< endl;
        cout <<" ------------------------------------------------ "<< endl;
        cout <<"SUN\tMON\tTUE\tWED\tTHU\tFRI\tSET"<< endl;
        cout <<" ------------------------------------------------ "<< endl;
        for(i = 0;i < weekday;i++)
            cout <<"\t";
```

```
        if(month == 4 || month == 6 ||month == 9||month == 11)
            len_of_month = 30;
        else if(month == 2)
        {
            if(isleap(year))
            len_of_month = 29;
            else
            len_of_month = 28;
        }
    else
        len_of_month = 31;
    for(day = 1;day <= len_of_month;day++)
    {
        if(day > 9)
            cout << day <<"\t";
        else
            cout << day <<"\t";
        weekday++;
        if(weekday == 7)
        {
            weekday = 0;
            cout << endl;
        }
    }
    cout << endl;
    }
}
```

其运行结果如图 6-8 所示。

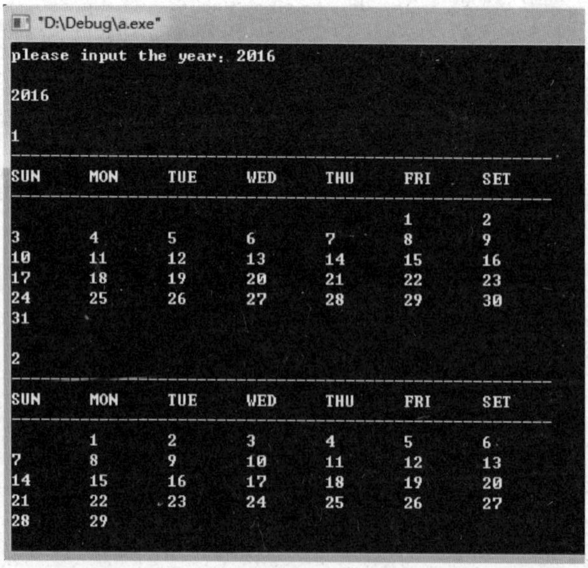

图 6-8　例 6-8 运行结果

6.3 类的静态成员

类的静态成员由关键字 static 修饰。虽然同样使用 static 修饰说明,但与前面的静态变量有明显的不同。类的静态数据成员是解决同类不同对象间的数据和函数共享问题的。一个类不管建立了多少对象,静态成员只有一个,存储于全局数据区。

6.3.1 静态数据成员

在类定义中,用关键字 static 修饰的数据成员称为静态数据成员。静态数据成员为该类所有的对象所共享,因此它更像全局变量(因为静态数据成员不会破坏数据的封装性,所以更优于全局变量)。正因为静态数据成员不属于类的某一特定对象,而是属于整个类,所以静态成员具有"类属性",可以用以下形式来引用:

类名::静态数据成员名;

【例 6-9】 静态数据成员的应用案例。

题目: 要求利用静态数据成员统计生成对象的个数。

```cpp
#include<iostream.h>
class Point
{
  private:
    int x,y;
    static int countP;                    //静态数据成员 countP
  public:
    Point(int xx = 0,int yy = 0)
      {
        x = xx;
        y = yy;
        countP++;
      }
    Point(Point &p);
    ~Point()
    {
      countP--;
    }
    int getX()
    {
        return x;
    }
    int getY()
    {
        return y;
    }
    void getC()
      {
```

```
              cout <<"   Object id = "<< countP << endl;
      }
};
Point::Point(Point &p)
{
  x = p.x;
  y = p.y;
  countP++;
}
A:   int Point::countP = 0;                      //静态数据成员的定义性说明
void main()
{
  Point A(10,15);
  cout <<"Point A: ("<< A.getX()<<","<< A.getY()<<")";
  A.getC();
  Point B(A);
  cout <<"Point B: ("<< B.getX()<<","<< B.getY()<<")";
  B.getC();
  Point C(B);
  cout <<"Point C: ("<< C.getX()<<","<< C.getY()<<")";
  C.getC();
}
```

其运行结果如图 6-9 所示。

对静态数据成员必须在文件作用域中进行定义性
说明。程序中 A 行是对静态数据成员 countP 作定义性
说明和初始化。只有这时 C++编译器才为静态数据成
员分配存储空间。静态数据成员默认的初值为 0,所以
A 行中"=0"是可以省略的。不管静态变量是私有还是
公有,类外定义性说明均有效。

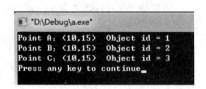

图 6-9   例 6-9 运行结果

由于静态数据成员具有"类属性",因此不可使用 this 指针访问静态数据成员。对象之
间的复制也仅限于复制非静态数据成员。

6.3.2　静态函数成员

将函数成员说明为静态的,该函数同样不属于对象,而是属于类,具有"类属性"。所以
静态函数中也不存在 this 指针。静态函数访问类的非静态成员时具有特殊之处,静态函数
成员可以直接访问类的静态数据成员,但必须通过函数参数得到对象来访问对象的非静态
数据成员。静态函数成员的定义格式为:

static <函数值类型> <函数名>(参数列表);

静态函数成员的调用格式为:

类名::函数名(对象名,其他参数表);

或

对象.函数名(对象名,其他参数表);

注意：静态函数成员在类外定义时，不能再写 static，因为 static 不属于函数类型的组成部分。

【例 6-10】 静态成员函数的应用案例。

题目：利用静态成员函数统计创建对象的个数。

```
# include < iostream. h >
class Point{
    private:
        int x, y;
        static int countP;
    public:
        Point( int xx = 0, int yy = 0)
        {
            x = xx;
            y = yy;
            countP++;
        }
        Point(Point &p)
        {
          x = p. x;
          y = p. y;
          countP++;
        }
        ~Point()
        {
          countP -- ;
        }
        static int GetX(Point &p)                      //静态成员函数
        {
          return p. x;
        }
        static int GetY(Point &p)                      //静态成员函数
        {
          return p. y;
        }
        static void GetcountP()                        //静态成员函数
        {
            cout <<"   Object id  =  "<< countP << endl;
    }
};
int Point::countP = 0;
void main()
{
  Point::GetcountP();
  Point A(10,15);
  cout <<"Point A: ("<< Point::GetX(A)<<","<< A. GetY(A)<<")";     //静态成员函数的调用
  A. GetcountP();
  Point B(A);
  cout <<"Point B: ("<< B. GetX(B)<<","<< Point::GetY(B)<<")";
  B. GetcountP();
```

```
Point C(B);
cout <<"Point C: ("<< C.GetX(C)<<","<< Point::GetY(C)<<")";
C.GetcountP();
}
```

其运行结果如图 6-10 所示。

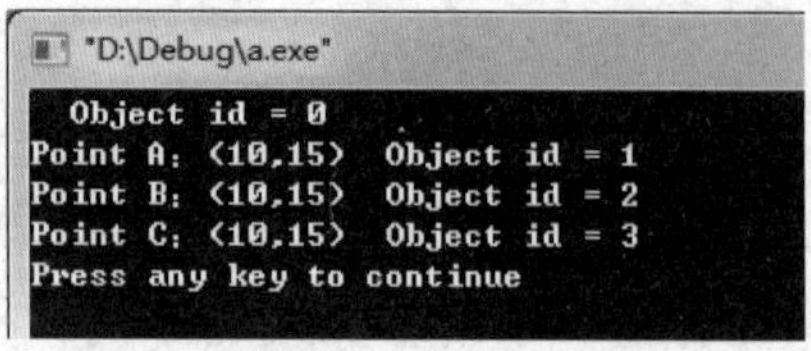

图 6-10   例 6-10 运行结果

6.4   类的友元

在 C++中将数据与对数据处理的函数封装在一起,就形成了类。类既实现了数据的共享又实现了对数据的隐藏,这是面向对象程序设计的一大优点。但是如果绝对不允许类外的函数访问类中的私有成员,在某种情况下又有很多的不便。为此,C++语言中提供了友元这种机制。

友元关系提供了不同类的函数成员之间、类的函数成员与一般函数之间进行的数据共享机制。通过友元关系,一个普通函数、类或者类的函数成员可以访问封装在另外一个类中的数据。从某种程度上讲,友元是对类的封装性的破坏。

6.4.1   友元函数

友元函数是在类中用关键字 friend 修饰的非成员函数。友元函数可以是一个普通函数,也可以是其他类的成员函数。虽然它不是本类的成员函数,但是在它的函数体中可以通过对象名访问类的任何成员。

友元函数声明的语法格式为:

friend <数据类型> <函数名>(<参数表>);

注意:与静态成员函数在类外的定义要求相同,友元函数在类外定义时不再写 friend 关键字。

【例 6-11】   友元函数的应用案例。

题目:利用友元函数求任意两点间的距离。

```
# include < iostream. h >
# include < cmath >
class Point{
  private:
    double x, y;
  public:
```

```
        friend void Length(Point & p1,Point &p2);        //类 Point 的友元函数 Length()的声明
        Point(double xx = 0,double yy = 0)
          {
            x = xx;
            y = yy;
          }
    };
    void Length(Point &p1,Point &p2)                      //类体外进行友元函数的定义
      {
        double lx = p1.x - p2.x;                          //利用对象名访问类中的私有数据成员
        double ly = p1.y - p2.y;
        double leng = sqrt(lx * lx + ly * ly);
        cout <<"the length: ";
        cout <<"("<< p1.x <<","<< p1.y <<") - ("<< p2.x <<","<< p2.y <<") = ";
        cout << leng << endl;
    }
    void main()
    {
      Point p1,p2(3,4);
      Length(p1,p2);
    }
```

其运行结果如图 6-11 所示。

友元函数的定义及使用有以下几点需要注意：

图 6-11 例 6-11 运行结果

（1）友元实际上就是一个普通函数，与其他普通函数的区别在于：友元需要在某个类中声明，对声明它的类中所有的成员该友元都有权访问。

（2）友元虽然是在类内声明，但是它的作用域是在类外。

（3）若是其他类中的函数成员作为友元，它的使用方法和一般友元函数基本相同，只是要通过相应的类或对象名来调用。

（4）友元函数的声明可以出现在类的私有部分、公有部分和保护部分。是因为类中声明的友元只是为了说明该函数可以访问类中的所有成员，但不属于该类的函数成员。

（5）友元函数的使用目的是为了提高程序的运行效率。

6.4.2　友元类

友元可以是函数，也可以是类，因此可以将一个类声明为另一个类的友元类。其含义是：若 A 类为 B 类的友元类，则 A 类的所有成员函数都是 B 类的友元函数。可以通过对象访问 B 类的私有和保护成员。在程序中友元类通常设计为一种对数据操作或类之间传递消息的辅助类。声明友元类的格式为：

```
class B{
    …
    friend class A;
    …
}
```

【例 6-12】 友元类的应用案例。

题目：利用友元类求任意两点之间的距离。

```cpp
# include < iostream. h >
# include < cmath >
class Point{
  private:
    double x, y;
  public:
    friend class Line;                        //声明友元类 Line
    Point(double xx = 0, double yy = 0)
    {
      x = xx;
      y = yy;
    }
};
class Line{                                   //类 Line 的定义
  private:
    Point p1, p2;
    double Length;
  public:
    Line(Point xp1, Point xp2):p1(xp1), p2(xp2)
    {
      double lx = p1. x - p2. x;              //通过对象名访问类中的私有数据成员
      double ly = p1. y - p2. y;
      Length = sqrt(lx * lx + ly * ly);
    }
    void display_Length()
    {
      cout << "the length: ";
      cout << "(" << p1. x << "," << p1. y << ") - (" << p2. x << "," << p2. y << ") = ";
      cout << Length << endl;
    }
};
void main()
{
  Point p1, p2(3,4);
  Line LL(p1, p2);
  LL. display_Length();
}
```

其运行结果如图 6-12 所示。

注意：友元机制的应用虽然提高了程序的运行效率，但它也破坏了类的封装性，友元用得越多，类的封装性就越差。因此，在实际应用中应尽量少地应用友元。

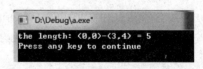

图 6-12　例 6-12 运行结果

关于友元关系，还有以下特点：

（1）友元关系是不能传递的。例如，B 类是 A 类的友元，C 类是 B 类的友元，C 类和 A 类之间，如果没有声明，就没有任何友元关系，不能进行数据共享。

（2）友元关系是单向的。如果声明 B 类是 A 类的友元，B 类的函数成员就可以访问 A 类的私有和保护数据，但 A 类的函数却不能访问 B 类的私有和保护数据。

（3）友元关系是不被继承的。如果 B 类是 A 类的友元类，B 类的派生类并不会自动成为 A 类的友元类。

6.5　常对象与常引用

在 C++语言中，有时为了保护对象、成员不被修改，通常会将类的对象、成员定义为"常对象"和"常成员"，常引用、常对象、常数据成员、常函数成员的访问和调用各有特点。下面将简单做以介绍。

1. 常引用

常引用是指引用的对象不能被更新。常引用的定义就是在声明一个引用时用 const 修饰，被声明的引用就是常引用。通常将函数的形参说明为常引用，以起到保护实参的作用。常引用的定义格式为：

const <类型说明> & <引用名> = <对象名>

【例 6-13】　常引用的应用案例。

题目：验证常引用的特点。

```
#include<iostream.h>
void show(const int & ri1);                    //函数声明
void main()
{
    int i=78;
    const int &yi1=i;                          //定义常引用 yi1
    cout<<yi1<<endl;
    i++;
A:  yi1++;                                      //常引用自加 1,出错
    show(i);
}
void show(const int &yi2)                       //定义常引用 yi2
{
    cout<<yi2<<endl;
B:  yi2++;                                      //常引用自加 1,出错
}
```

其运行结果如图 6-13 所示。

```
----------------Configuration: a - Win32 Debug----------------
Compiling...
a.cpp
D:\a.cpp(9) : error C2166: l-value specifies const object
D:\a.cpp(15) : error C2166: l-value specifies const object
```

图 6-13　例 6-13 运行结果

说明：程序运行过程中行 A 和行 B 在编译时会产生错误，因为 yi1 和 yi2 定义为常引用，是不允许修改的。

2. 常对象

常对象就是指一个对象，它的数据成员值在对象的整个生存周期间内不能被改变。因此，常对象必须在定义时进行初始化。定义常对象的格式为：

const <类名> <对象名>(<初始值>);

或

<类名> const <对象名>(<初始值>);

【例 6-14】 常对象的应用案例。

题目：验证常对象的特点。

```cpp
#include<iostream.h>
class A{
  public:
    int i,j;
    A(int num1,int num2)
    {
      i=num1;
      j=num2;
    }
    void setValue(int a,int b)
    {
      i=a;
      j=b;
    }
};
void main()
{
    const A num(3,4);        //定义常对象 num
A:  num.i++;                 //对常对象 num 中的数据成员 i 进行修改值,出错
B:  num.setValue(5,6);       //对常量对象 num 中的成员函数 setValue()进行重新赋值,出错
}
```

其运行结果如图 6-14 所示。

```
--------------------Configuration: a - Win32 Debug--------------------
Compiling...
a.cpp
D:\a.cpp(19) : error C2166: l-value specifies const object
D:\a.cpp(20) : error C2662: 'setValue' : cannot convert 'this' pointer from 'const class A' to 'class A &'
```

图 6-14　例 6-14 运行结果

说明：

（1）与常变量相似，常对象的值也是不能被改变的。

（2）为了防止常对象调用类似 setValue()这样的函数来改变常对象的数据，C++语法规定不能通过常对象调用非常函数成员，只能调用常函数成员。

3. 常数据成员

在类中用 const 关键字修饰的数据成员,称为常数据成员。常数据成员的初始化只能通过构造函数的初始化列表来进行,并且以后在使用过程中不允许修改。其定义方法与一般常变量的定义方法相同,其格式为:

const <数据类型> <数据成员名>;

或者

<数据类型> const <数据成员名>;

【例 6-15】 常数据成员的应用案例。

题目:验证常数据成员的特点。

```
♯ include < iostream. h>
class A
{
  private:
    const int &r;              //常引用数据成员
    const int a;               //常数据成员
    static const int b;        //静态常数据成员
  public:
    A(int i):a(i),r(a)         //利用构造函数初始化列表初始化常数据成员和常引用的值
    {
        cout <<"构造函数...."<< endl;
    }
    void show()
    {
      cout << a <<","<< b <<","<< r << endl;
    }
};
const int A::b = 30;           //静态常变量赋值
void main()
{
  A num1(10);
  num1.show();
  A num2(20);
  num2.show();
}
```

其运行结果如图 6-15 所示。

4. 常函数成员

在类的定义中,某些成员函数用 const 关键字修饰,则称该成员函数为常函数成员。常函数成员的定义格式为:

<类型说明> <函数成员名>(<参数表>)const;

图 6-15 例 6-15 运行结果

【例 6-16】 常函数成员的应用案例。

题目:验证常函数成员的特点。

```
#include<iostream.h>
class A{
  private:
    int x,y;
  Public:
    A(int x1,int y1)
    {
     x=x1;y=y1;
    }
    void print()
    {
      cout<<x<<":"<<y<<endl;
    }
    void print()const
    {
     cout<<x<<":"<<y<<endl;
    }
    void display()
    {
     cout<<x<<":"<<y<<endl;
    }
    void add(int i)
    {
     x+=i;
    }
};
void main()
{
  A a(3,4);
  a.print();
  const A b(10,20);
  b.print();
  a.add(3);
A:  b.add(5);
B:  b.display();
}
```

(1) 若取消程序中的行 A 和行 B，则运行结果如图 6-16 所示。

"D:\Debug\a.exe"
1: 12:14
2: 10:20
1: 22:14
Press any key to continue

图 6-16 例 6-16 运行结果 1

(2) 不改变程序，直接运行，则运行结果如图 6-17 所示。

总之，常函数成员具有以下特点：

(1) C++语言中规定，在常函数成员的定义中要带有 const 关键字，因为 const 是函数类型的一个组成部分。

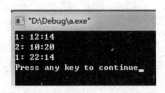

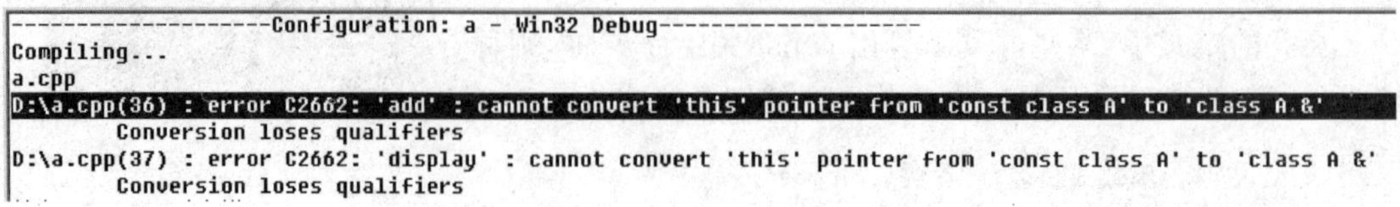

--------------------Configuration: a - Win32 Debug--------------------
Compiling...
a.cpp
D:\a.cpp(36) : error C2662: 'add' : cannot convert 'this' pointer from 'const class A' to 'class A &'
Conversion loses qualifiers
D:\a.cpp(37) : error C2662: 'display' : cannot convert 'this' pointer from 'const class A' to 'class A &'
Conversion loses qualifiers

图 6-17 例 6-16 运行结果 2

（2）常函数成员不能更改对象中的数据成员，也不能调用该类中没有用const修饰的非常函数成员。

（3）常对象只能调用它的常函数成员，而不能调用其他函数成员。

（4）const关键字可以作为重载函数的区别。例如：

```
void print();
void print()const;                //函数重载
```

6.6   综合案例——公司人员管理系统6

在公司人员管理系统中有些变量是需要在整个文件中起作用的，因此需要将其定义为全局变量，在第2章中已经介绍了变量的定义，这里简单重复一下：

```
double ManagerSalary;             //经理固定月薪
double SalesManagerSalary;        //销售经理固定月薪
double SaleManagerPercent;        //销售经理提成
double SalesPercent;              //销售人员提成
double WagePerHour;               //技术人员小时工资
int ID;                           //员工编号
```

这些变量的声明周期为整个程序的运行期，而在其他成员函数中定义的中间变量均属于局部变量，仅在本函数内起作用。

在Person类中定义了Company类为其友元类：

```
class Person
{
  protected:
    int No;
    char name[10];
    int duty;
    double earning;
    Person * next;
  public:
    Person(char ID,char * Name,int duty)
    {
      this -> duty = duty;
      strcpy(this -> name,Name);
      this -> No = ID;
    }
  friend class Company;           //友元类
  ...
};
```

6.7   小结

本章重点介绍了变量依据作用域的分类：局部变量和全局变量，变量作用域不同对应的声明周期也不同。变量一般有4种存储类别：自动、静态、寄存器以及外部，这里需要注意的是外部类型不是定义变量而是对变量的声明,扩大变量的作用域功能。接着介绍了静态的数据成员和成员函数。最后简单介绍了常对象和常引用。

习题 6

1. 填空题

(1) 若要把 void fun()定义为类 A 的友元函数,则应在类 A 的定义中加入语句( )。

(2) 类的静态成员分为( )和( )。

(3) 声明一个 int 型指针,用 new 语句为其分配包含 10 个元素的地址空间(不用初始化),声明语句为( )。

(4) 友元有两种表现形式:( )、( )。

(5) 静态数据成员在类外进行初始化,且静态数据成员的一个拷贝被该类的所有对象( )。

2. 简答题

静态局部变量有什么特点?

3. 编程题

定义一个 Student 类,在该类定义中包括:一个数据成员(分数 score)及两个静态数据成员(总分 total 和学生人数 count);成员函数 scoretotalcount(double s)用于设置分数、求总分和累计学生人数;静态成员函数 sum()用于返回总分;静态成员函数 average()用于求平均值。

要求:在 main 函数中,输入某班同学的成绩,并调用上述函数求全班学生的总分和平均分。

第7章

继承与派生

本章学习目标

- 理解并掌握继承的概念以及应用;
- 了解继承的分类;
- 了解并掌握派生的概念以及应用。

本章主要介绍继承与派生的概念,通过案例讲述单重继承和多重继承的应用以及派生类的应用。利用案例更好地说明继承作为面向对象程序设计的一大主要特点的重要性。

7.1 继承

在软件开发过程中,较为重视软件开发时间以及系统的投入,如何缩短开发的时间,减少系统的投入,通常采用软件复用的手段。继承是软件复用的一种重要形式。类的继承是新的类从已有类那里得到已有的特性,无须重新定义,可以很方便地利用已有类建立新类。从已有的类建立新类的过程就是类的派生。在继承过程中,原有的类或已经存在的用来派生新类的类称为基类或父类,而由已经存在的类派生出的新类则称为派生类或子类。

在应用程序设计中,经常要用到一些相同或部分相同的程序和类,继承可以实现这些类的代码的重用。例如:

```
class Person
{
   char   name[20];
   char sex;
   int age;
 public:
   void regist(char * name1,char sex1,int age1)
   {
     strcpy(name,name1);
     sex = sex1;
     age = age1;
   }
   void display()
```

```
        {
            cout <<"Name: "<< name <<",Sex: "<< sex <<",Age: "<< age << endl;
        }
};
```

如果要建立一个学生类,学生除了包括姓名、性别和年龄这三个属性以外,还包括学号和班级等信息。若不采用继承机制,那么学生类的建立如下:

```
class Student
{
    char name[20];
    char sex;
    int age;
    char num[10];
    char classRoom[10];
public:
void registStu(char * name1,char sex1,int age1,char * num1,char * classRoom1)
    {
        strcpy(name,name1);
        sex = sex1;
        age = age1;
        strcpy(num,num1);
        strcpy(classRoom,classRoom1);
    }
    void displayStu()
    {
        cout <<"Name: "<< name <<",Sex: "<< sex <<",Age: "<< age <<",num: "<< num <<
",classRoom: "<< classRoom << endl;
    }
};
```

由此可见,Student 类中的内容很大一部分与 Person 类中的内容是重复的,只是增加和修改了部分的内容。这样的定义浪费资源、时间。因此,利用继承机制来解决此问题,以 Person 类为基类,建立子类 Student,具体实现在后续章节中详细介绍。

根据派生类所拥有的基类数目不同,可分为单一继承(单继承)和多重继承(多继承)。一个类只有一个直接基类时,称为单继承;而一个类同时有多个直接基类时,称为多继承。

7.1.1 单一继承

单一继承简称单继承,单继承的声明格式为:

```
class <派生类名>:<继承方式><基类名>
{
    //<派生类新定义成员>
};
```

说明:

(1) 基类名是已有类的名称。

(2) 派生类名是继承原有类的特性而生成的新类的名称。

(3) 继承方式即派生类的访问控制方式,用于控制基类中声明的成员在多大的范围内能被派生类的用户所访问,每一种继承方式,只能对紧随其后的基类进行限定。

(4)继承方式包括三种:公有继承(public)、私有继承(private)和保护继承(protected)。若不显式地给出继承方式关键字,系统则默认为私有继承,类的继承方式指定了派生类成员以及类外对象对于从基类继承来的成员的访问权限。

从已有类派生出的新类,除了能从基类继承所有成员之外,还可以在派生类内完成以下几种功能:

(1)可以增加新的数据成员。

(2)可以增加新的成员函数。

(3)可以重新定义基类中已有的成员函数。

(4)可以改变现有成员的属性。

例如:

基类:

```cpp
class Person
{
    char   name[20];
    char sex;
    int age;
  public:
    void regist(char * name1,char sex1,int age1)
    {
      strcpy(name,name1);
      sex = sex1;
      age = age1;
    }
    void display()
    {
      cout <<"Name: "<< name <<",Sex: "<< sex <<",Age: "<< age << endl;
    }
};
class Student:public Person        //公有继承 Person 类,新建 Student 类
{
  char num[10];
  char classRoom[10];
public:
 void registStu(char * name1,char sex1,int age1,char * num1,char * classRoom1)
    {
      regist(name1,sex1,age);  //调用基类中的公有函数 regist( )
      strcpy(num,num1);
      strcpy(classRoom,classRoom1);
    }
void displayStu()
    {
      display();                //调用基类中的公有函数 regist( )
      cout <<",num: "<< num <<",classRoom: "<< classRoom << endl;
    }
};
```

派生类对基类成员的访问有以下两种方式:

(1) 内部访问:由派生类中新增成员对基类继承来的成员的访问。

(2) 对象访问:在派生类外部,通过派生类的对象对从基类继承来的成员的访问。

1. 私有继承的访问规则

当类的继承方式为私有继承时,基类的 public 成员和 protected 成员被继承后作为派生类的 private 成员,派生类的其他成员可以直接访问它们,但是在类外部通过派生类的对象无法访问。

基类的 private 成员在私有派生类中是不可直接访问的,所以无论是派生类成员还是通过派生类的对象,都无法直接访问从基类继承来的 private 成员,但是可以通过基类提供的 public 成员函数间接访问。

【例 7-1】 继承访问方式的应用案例 1。

题目:验证私有继承方式,对基类成员的访问规则。

```cpp
#include<iostream.h>
#include<cstring>
class Person
{private:
    char name[20];
    char sex;
    int age;
 public:
    void regist(char * name1,char sex1,int age1)
    {
       strcpy(name,name1);
       sex = sex1;
       age = age1;
    }
    void display()
    {
       cout <<"Name: "<< name <<",Sex: "<< sex <<",Age: "<< age;
    }
};
class Student:private Person     //私有继承 Person 类,新建 Student 类
{
    char num[10];                //新增属性 num 和 classRoom
    char classRoom[10];
 public:
    void registStu(char * name1,char sex1,int age1,char * num1,char * classRoom1)
     {// strcpy(name,name1);
      // sex = sex1;
      // age = age1;             //以上三条语句错误,不能访问基类中的私有数据
       regist(name1,sex1,age1); //正确的访问方式
       strcpy(num,num1);
       strcpy(classRoom,classRoom1);
     }
    void displayStu()
     {
```

```
        display();                      //正确的访问方式
        cout <<", num: "<< num <<", classRoom: "<< classRoom << endl;
    }
};
void main()
{
    Student stu;
    stu.registStu("张三", 'f', 18, "123456", "高三二班");
    cout <<"display the information of a student:"<< endl;
    stu.displayStu();
    //stu.display();                    //错误,私有继承后 display()函数为 Student 类的私有成员
}
```

其运行结果如图 7-1 所示。

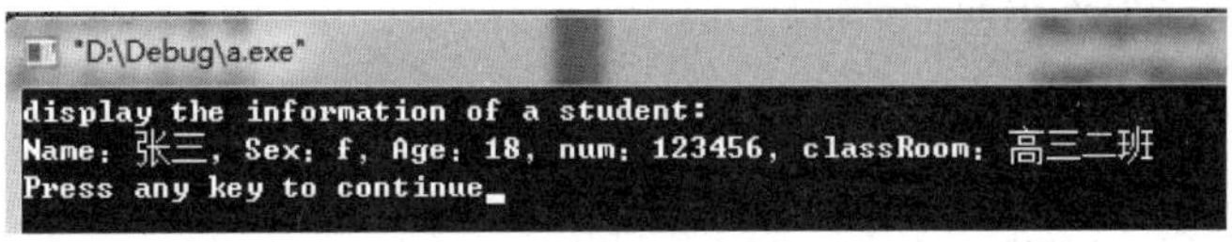

图 7-1　例 7-1 运行结果

2. 公有继承的访问规则

当类的继承方式为公有继承时,基类的 public 成员和 protected 成员继承到派生类中仍作为派生类的 public 成员和 protected 成员,派生类的其他成员可以直接访问它们。但是,类的外部使用者只能通过派生类的对象访问继承来的 public 成员。

基类的 private 成员在私有派生类中是不可直接访问的,所以无论是派生类成员还是通过派生类的对象,都无法直接访问从基类继承来的 private 成员,但是可以通过基类提供的 public 成员函数间接访问它们。

【例 7-2】 继承访问方式的应用案例 2。

题目:验证公有继承方式,对基类成员的访问规则。

```
# include < iostream.h >
# include < cstring >
class Person
{private:
    char name[20];
    char sex;
    int age;
public:
    void regist(char * name1, char sex1, int age1)
    {
        strcpy(name, name1);
        sex = sex1;
        age = age1;
    }
    void display()
    {
        cout <<"Name: "<< name <<", Sex: "<< sex <<", Age: "<< age;
```

```
      }
   };
   class Student:public Person        //公有继承 Person 类,新建 Student 类
   {
     char num[10];                    //新增属性 num 和 classRoom
     char classRoom[10];
   public:
     void registStu(char * name1,char sex1,int age1,char * num1,char * classRoom1)
     {
     // strcpy(name,name1);
     // sex = sex1;
     // age = age1;                    //以上三条语句错误,不能访问基类中的私有数据
        regist(name1,sex1,age1);
        strcpy(num,num1);
        strcpy(classRoom,classRoom1);
      }
      void displayStu()
      {
        display();
        cout <<", num: "<< num <<",classRoom: "<< classRoom << endl;
      }
   };
   void main()
   {
      Student stu;
      stu.registStu("张三",'f',18,"123456","高三二班");
      cout <<"display the information of a student:"<< endl;
      stu.displayStu();
      stu.display();                  //公有继承,基类中的公有成员作为派生类中的公有成员
      cout << endl;
   }
```

其运行结果如图 7-2 所示。

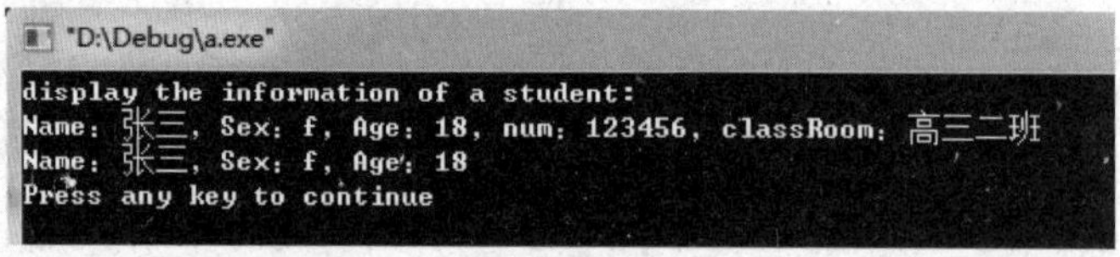

图 7-2　例 7-2 运行结果

3. 保护继承的访问规则

当类的继承方式为保护继承时,基类的 public 成员和 protected 成员继承到派生类中都作为派生类的 protected 成员,派生类的其他成员可以直接访问它们,但是类的外部使用者不能通过派生类的对象来访问它们。

基类的 private 成员在私有派生类中是不可直接访问的,所以无论是派生类成员还是通过派生类的对象,都无法直接访问基类的 private 成员。

【例 7-3】　继承访问方式的应用案例 3。

题目:验证保护继承方式,对基类成员的访问规则。

```
# include < iostream. h >
# include < cstring >
class Person
{private:
    char name[20];
    char sex;
    int age;
public:
    void regist(char * name1,char sex1,int age1)
    {
        strcpy(name,name1);
        sex = sex1;
        age = age1;
    }
    void display()
    {
        cout <<"Name: "<< name <<",Sex: "<< sex <<",Age: "<< age;
    }
};
class Student:protected Person   //保护继承 Person 类,新建 Student 类
{
    char num[10];                //新增属性 num 和 classRoom
    char classRoom[10];
public:
    void registStu(char * name1,char sex1,int age1,char * num1,char * classRoom1)
    {
        // strcpy(name,name1);
        // sex = sex1;
        // age = age1;              //以上三条语句错误,不能访问基类中的私有数据
        regist(name1,sex1,age1);
        strcpy(num,num1);
        strcpy(classRoom,classRoom1);
    }
    void displayStu()
    {
        display();
        cout <<",num: "<< num <<",classRoom: "<< classRoom << endl;
    }
};
void main()
{
    Student stu;
    stu.registStu("张三",'f',18,"123456","高三二班");
    cout <<"display the information of a student:"<< endl;
    stu.displayStu();
//  stu.display();                //出错,保护继承,基类中的公有成员作为派生类中的保护成员
    cout << endl;
}
```

其运行结果如图 7-3 所示。

基类成员在派生类中的访问属性如表 7-1 所示。

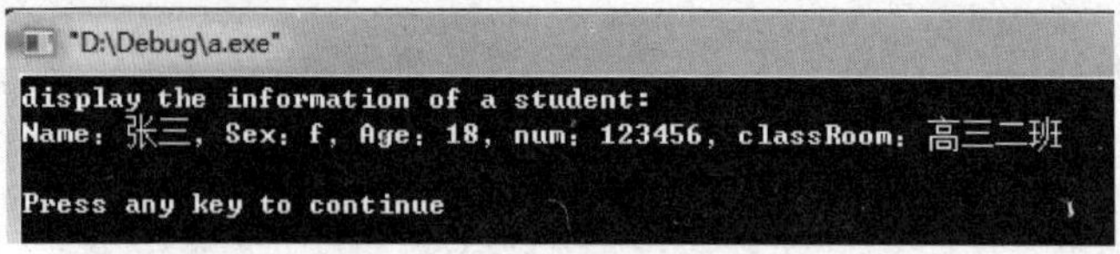

图 7-3　例 7-3 运行结果

表 7-1　基类成员在派生类中的访问属性

成员属性　　　继承方式	私有继承	保护继承	公有继承
私有成员	不能访问	不能访问	不能访问
保护成员	私有	保护	保护
公有成员	私有	保护	公有

总之，派生类对基类成员的访问情况如下：

（1）基类中的私有成员在派生类中是隐藏的，只能在基类内部访问。

（2）派生类中的成员不能访问基类中的私有成员，可以访问基类中的公有成员和保护成员。

基类中各成员的访问能力与继承方式无关，但继承方式将影响基类成员在派生类中的访问控制属性，基类中公有成员和保护成员的访问控制属性将随着继承方式而改变；派生类从基类公有继承时，基类的公有成员和保护成员在派生类中仍为公有成员和保护成员；派生类从基类私有继承时，基类的公有成员和保护成员在派生类中都改变为私有成员；派生类从基类保护继承时，基类的公有成员在派生类中改变为保护成员，基类的保护成员在派生类中则仍为保护成员。

7.1.2　多重继承

当派生类只有一个基类时，我们称这种派生方法为单继承。而当一个派生类具有多个基类时，这种派生方法我们称之为多基派生或多重继承。多重继承可以看成是单继承的扩展，派生类与每个基类之间的关系仍可看作是一个单继承。有两个以上基类的派生类声明的格式为：

```
class <派生类名>:<继承方式 1><基类名 1>,…<继承方式 n><基类名 n>{
    //派生类新增的数据成员和成员函数
};
```

说明：

（1）<继承方式 1>、<继承方式 2>、…是三种继承方式 public、private 和 protected 之一。

（2）冒号后面的部分称为基类表，各基类之间用逗号分隔，缺省的继承方式是 private。

（3）派生类名是 C++中的合法的标识符。

（4）类体内包括新增数据成员和成员函数，成员函数可以只声明，然后在类体外定义，也可以直接在类体内定义。

【例 7-4】 多重继承的应用案例。

题目：验证基类与派生类之间存在多重继承关系时成员的访问权限。

```cpp
#include<iostream.h>
class Base1
{
 protected:
    int b1_x;
 public:
  void setB1_x(int x)
   {
     b1_x = x;
    }
};
class Base2
{
 protected:
    int b2_x;
public:
 void setB2_x(int x)
 {
    b2_x = x;
 }
};
class Derived:public Base1,public Base2          //基类两个 Base1 和 Base2,均为公有继承
{
 public:
  void getNum( )
  {
    int add;
    add = b1_x + b2_x;                          //访问基类中保护属性的数据成员
    cout <<"Base1_x + Base2_x = "<< add << endl;
  }
};
void main( )
{
  Derived   der;
  der.Base1::setB1_x(36);                       //访问基类 Base1 中的公有属性的成员函数
  der.Base2::setB2_x(28);                       //访问基类 Base2 中的公有属性的成员函数
  der.getNum();
}
```

其运行结果如图 7-4 所示。

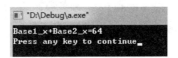

图 7-4 例 7-4 运行结果

7.2 派生

在派生类中包含了基类成员和派生类的新增成员。在 C++语言中规定,派生类不继承基类的构造函数和析构函数。因此在需要的时候,派生类必须定义构造函数、析构函数以完成对象初始化和释放时的清理工作。

7.2.1 派生类的构造函数

在 C++语言中规定基类的构造函数和析构函数不能被继承,而派生类的数据成员主要包括:从基类继承来的数据成员和派生类的新增成员,新增成员除了简单的数据成员之外还可能包括对象成员。

在类的派生关系中,遵循这样的原则:类成员的初始化由该类构造函数负责,类的清理工作由该类的析构函数负责。因此派生类的构造函数只完成派生类新增成员的初始化,对于继承来的基类成员,调用基类构造函数去完成;对于新增对象成员,则通过调用对象的构造函数来完成。派生类的构造函数的语法格式为:

<派生类名>(<参数总表>):<基类名 1>(<参数表 1>),<基类名 2>(<参数表 2>)…,<基类名 n>(<参数表 n>),<对象成员名 1>(<对象成员参数表 1>),<对象成员名 2>(<对象成员参数表 2>)…<对象成员名 m>(<对象成员参数表 m>)
{
    //派生类构造函数体
}

说明:

(1) 在构造函数的参数总表中,给出初始化基类、新增对象成员以及派生类新增数据成员的全部参数。

(2) 派生类构造函数参数总表后的部分也称为初始化列表,在此表中列出需要使用参数进行初始化的各个基类和对象成员。基类和对象成员书写无次序要求。

(3) 与组合类的构造函数一样,派生类构造函数的初始化列表属于派生类构造函数体的一部分,因此在派生类构造函数声明时这部分内容不应出现。

(4) 对于没有默认构造函数的基类,或者需要使用非默认构造函数的基类,必须在初始化列表中显式列出这些基类和参数表。对于使用默认构造函数的基类,则可以不列出类名和参数表。

(5) 如果一个对象成员没有默认构造函数,或者使用的是该对象的非默认构造函数,也必须在初始化列表中显式列出这些对象和相应的参数。否则可以不列出该对象。

(6) 不管派生类的基类、对象成员在派生类构造函数的初始化列表中是否显式列出,系统总要调用它们的构造函数。

(7) 如果派生类的基类或对象成员中有一个基类或对象声明了带有形参的构造函数,且该基类或对象没有默认的构造函数。这时派生类就必须声明构造函数,提供一个将参数传递给基类或对象成员的构造函数的途径,保证基类或对象成员在初始化时能够获得必需的参数。

(8) 如果派生类的所有基类、所有对象成员都采用默认的构造函数,这时派生类不需要给基类或对象成员传递初始化参数,因此派生类可以不定义自己的构造函数。编译系统为派生类建立默认的构造函数,并调用各基类的默认构造函数。至于派生类新增成员的初始化工作可以由其他函数来完成。

派生类构造函数的执行次序如下:

(1) 调用各基类构造函数完成基类初始化,调用顺序按照它们被继承时的声明顺序进行。

(2) 调用新增对象成员的构造函数完成对象成员的初始化,调用顺序按照它们在类中声明的顺序进行。

(3) 执行派生类的构造函数体。

【例7-5】 派生类的构造函数应用案例。

题目:验证派生类的构造函数的调用顺序。

```
# include < iostream. h >
class Base                              //定义基类 Base
{
 public:
  Base( )
  {
    cout <<"First is intialized"<< endl << endl;
  }
  ~Base( )
  {  }
};
class Derive1:public Base               //定义派生类 Derive1
{
 public:
  Derive1( )
  {
    cout <<"Second is intialized"<< endl << endl;
  }
  ~Derive1( )
  {  }
};
class Derive2:public Derive1            //定义最底层派生类 Derive2
{
 public:
  Derive2( )
  {
    cout <<"Third is intialized"<< endl << endl;
  }
  ~ Derive2 ( )
  {  }
};
void  main()                            //main()函数中测试构造函数的执行情况
{
```

```
    cout <<"显示派生类 Derive2 的构造函数调用顺序:"<< endl;
    Derive2  DD;
    cout <<" ---------- using DD ------------- "<< endl;
}
```

其运行结果如图 7-5 所示。

图 7-5   例 7-5 运行结果

7.2.2   派生类的析构函数

派生类的析构函数功能是在该类对象消亡之前进行一些必要的清理工作。析构函数没有类型,也没有参数,与构造函数相比要简单些。在派生过程中,基类的析构函数也不能被继承,如果需要,派生类应声明自己的析构函数。派生类析构函数的声明方法与基类析构函数的声明方法完全相同。派生类析构函数执行次序和构造函数正好相反;首先执行派生类析构函数体,再分别调用派生类对象成员所属类的析构函数,最后分别调用基类析构函数。

注意:派生类的析构函数只完成对新增的非对象成员的清理工作。系统会自动调用基类及对象成员的析构函数来对基类及对象成员进行清理。

【例 7-6】 派生类的析构函数应用案例。

题目:修改例 7-5 验证派生类的析构函数的执行情况。

```
# include < iostream. h >
class Base                                        //定义基类 Base
{
 public:
  Base( )
  {
    cout <<"First is intialized"<< endl << endl;
  }
  ~Base( )
  {
    cout <<"First is destroied"<< endl << endl;
  }
};
class Derive1:public Base                          //定义派生类 Derive1
{
 public:
  Derive1( )
  {
    cout <<"Second is intialized"<< endl << endl;
```

```
    }
    ~Derive1( )
    {
      cout <<"Second is destroied"<< endl << endl;
    }
};
class Derive2:public Derive1                    //定义最底层派生类 Derive2
{
  public:
    Derive2( )
      {
        cout <<"Third is intialized"<< endl << endl;
      }
    ~ Derive2 ( )
    {
      cout <<"Third is destroied"<< endl << endl;
    }
};
void  main()                                    //main()函数中测试构造函数的执行情况
{
    cout <<"显示派生类 Derive2 的构造函数调用顺序:"<< endl;
    Derive2  DD;
    cout <<" ---------- using DD ------------ "<< endl;
}
```

其运行结果如图 7-6 所示。

图 7-6　例 7-6 运行结果

【例 7-7】　派生类的构造函数和析构函数的应用案例。

题目：验证派生类的构造函数和析构函数的执行顺序情况。

```
# include < iostream. h >
class Base1
{
  private:
      int x1;
  public:
      Base1(int i)
```

```
    {
       x1 = i;
       cout <<"Constructor Base1 is calling "<< x1 << endl;
    }
    ~Base1()
    {
       cout <<"Destructor Base1 is calling"<< endl;
    }
};
class Base2
{
   private:
      int x2;
   public:
      Base2(int j)
      {
         x2 = j;
         cout <<"Constructor Base2 is calling "<< x2 << endl;
      }
      ~Base2()
      {
         cout <<"Destructor Base2 is calling"<< endl;
      }
};
class Base3
{
   private:
      int x3;
   public:
      Base3(int k = 0)
      {
         x3 = k;
         cout <<"Constructor Base3 is calling "<< x3 << endl;
      }
      ~Base3()
      {
         cout <<"Destructor Base3 is calling"<< endl;
      }
};
class Derived:public Base3,public Base2,public Base1   //多重继承类 Base3、Base2、Base1
{
   private:
      int x4;
      Base1 obj1;                                  //数据成员为类 Base1 的对象
      Base2 obj2;                                  //同上
      Base3 obj3;                                  //同上
   public:
      Derived(int i,int j,int k,int m,int n):obj3(m),obj2(k),obj1(j),Base2(i),Base1(j)
      {
      x4 = n;
      cout <<"Constructor Derived is calling "<< x4 << endl;
```

```
    }
    ~Derived()
    {
     cout <<"Destructor Derived is calling"<< endl;
    }
};
void main()
{
    Derived obj(10,20,30,40,50);              //i==10,j==20,k==30,m==40,n==50
}
```

其运行结果如图 7-7 所示。

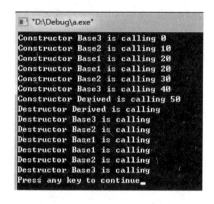

图 7-7 例 7-7 运行结果

说明：

（1）第一个调用基类 Base3 的构造函数，参数值为默认值 k=0。

（2）第二个调用基类 Base2 的构造函数，参数值为 i=10。

（3）第三个调用基类 Base1 的构造函数，参数值为 j=20。

（4）第四个调用内嵌对象 obj1 的构造函数 Base1，参数值为 j=20。

（5）第五个调用内嵌对象 obj2 的构造函数 Base2，参数值为 k=30。

（6）第六个调用内嵌对象 obj3 的构造函数 Base3，参数值为 m=40。

（7）第七个开始执行派生类 Derived 本身的构造函数。

（8）离开主函数，需要撤销对象 obj，调用析构函数，调用析构函数的顺序与调用构造函数的顺序正好相反。

注意：执行基类构造函数的顺序取决于定义派生类时基类的顺序，与在派生类中构造函数的成员初始化列表中的顺序无关。

3. 歧义性

在继承中，一个派生类的成员包括了它的所有基类的成员（包括数据成员和函数成员），在这个新建的派生类中，存在同名成员的现象是不可避免的。当用户想使用其中某一个成员，但是因为名称相同而不能确定实际目标是哪一个成员时，就会产生歧义。例如：

（1）基类中存在同名成员

class A

```
    {
      public:
       int x;                              //A类中的数据成员 x
       A( int a)
       {
         x = a;
       }
       …
    };
    class B
     {
      public:
       int x;                              //B类中的数据成员 x
       B( int b)
       {
         x = b;
       }
       …
    };
    class C:public A,public B
    {
        int y;
      public:
        void set( int a, int b)
        {
          x = a;                           //变量 x 是 A 类中的数据成员,还是 B 类中的数据成员?
          y = b;
        }
        …
    };
```

在这个代码段中,基类 A 和基类 B 拥有同名成员 x,在派生类 C 中要访问 x,这时不能确定此时的 x 是类 A 中的还是类 B 中的,这就出现了歧义。要想解决这个问题,即需要在成员名前加上类名,用以唯一标识该成员所属的类。上述类 C 代码处可以修改为:

```
    class C:public A,public B
    {
        int y;
      public:
        void set( int a, int b)
        {
          A::x = a;                        //或者 B::x = a;  以便明确指定哪个类中的成员消除歧义
          y = b;
        }
        …
    };
```

(2) 基类与派生类出现同名成员

当基类和派生类中出现同名成员时,默认情况下访问的是派生类中的成员,若想访问基类中的成员,则需要加上类名来标识成员的所属类。例如:

```
class A
{
    public:
      int x;
      A(int a)
      {
        x = a;
      }
      …
};
class B:public A
  {
    public:
      int x;
      B(int b)
      {
        x = b;                    //此处访问的是派生类中的 x,若改为 A::x = b,则访问的是基类 A 中的 x
      }
      …
};
```

（3）访问共同基类的成员时可能出现歧义

```
class A
{
    public:
      int x;
      A(int a)
      {
        x = a;
      }
      …
};
class B1:public A
{
      …
};
class B2:public A
{
      …
};
class C:public B1,public B2
{
      int y;
    public:
      void set(int num1,int nmu2)
      {
        x = num1;                 //不能确定是类 B1 中的 x,还是类 B2 中的 x
        y = num2;
      }
      …
};
```

解决歧义的办法也可以通过在 x 前面加上类名的方法,明确指定该成员所属于的类。但是,类 A 是派生类 C 的两个基类的公共基类,因此这个公共基类中的成员会在派生类中产生两份基类成员,如果要想这个公共基类在派生类中只产生一份基类成员,则需要将该类设置为虚基类,虚基类问题在后续章节中介绍。

总之,基类与派生类之间的关系如下:

(1) 基类是对派生类的抽象,派生类是对基类的具体化,是基类定义的延续。

(2) 派生类是基类的组合,多继承可以看作是多个单继承的简单组合。

(3) 公有派生类的对象可以作为基类的对象处理。

7.3 综合案例——公司人员管理系统 7

在公司人员管理系统中 Person 类为基类,公司中还包括 4 类人员,需要从基类继承一些信息作为子类为系统服务:公司经理、销售经理、技术员和销售员。其结构分布如图 7-8所示。

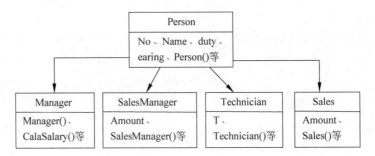

图 7-8　结构分布图

具体定义为:

```
//Person类的定义
 class Person                      //Person 类的定义
 {
  protected:
    int No;
    char Name[10];
    int duty;
    double earning;
    Person * next;
  public:
    Person(char ID,char * Name,int duty)
    {
      this->duty = duty;
      strcpy(this->Name,Name);
      this->No = ID;
    }
  friend class Company;
  virtual void CalaSalary() = 0;        //纯虚函数的定义
```

```
    virtual void output() = 0;
};
class Manager:public Person                //公有继承
{
  public:
    Manager(char ID,char * Name,int duty):Person(ID,Name,duty)
    {   }
    void CalaSalary()
    {
      earning = ManagerSalary;
    }
    void output()
    {
     CalaSalary();
     cout << No <<"\t"<< Name <<"\t"<<" 公司经理"<<"\t"<< earning << endl;
    }
};
//SalesManager 类
class SalesManager:public Person           //公有继承
{
  private:
    double Amount;
  public:
    SalesManager(char ID,char * Name,int duty):Person(ID,Name,duty)
    { }
    void setAmount(double s)
    {
     Amount = s;
    }
    void CalaSalary()
    {
     earning = SalesManagerSalary + Amount * SalesManagerPercent/100;
    }
    void output()
    {
     CalaSalary();
     cout << No <<"\t"<< Name <<"\t"<<"销售经理"<<"\t"<< earning << endl;
    }
};
//技术员类
class Technician:public Person
{
  private:
    double t;
  public:
    Technician(char ID,char * Name,int duty,double T):Person(ID,Name,duty)
    {
      this -> t = T;
    }
    double getT()
  {
```

```
        return t;
    }
    void setT(double T)
    {
        this -> t = T;
    }
    void CalaSalary()
    {
      earning = WagePerHour * t;
    }
    void output()
    {
      CalaSalary();
      cout << No <<"\t" << Name <<"\t"<<"技术员"<<"\t"<< earning << endl;
    }
};
//销售人员类
class Sales:public Person
{
    private:
        double Amount;
    public:
     Sales(char ID, char  * Name, int duty, double Amount):Person(ID, Name, duty)
     {
       this -> Amount = Amount;
     }
    double getAmount()
    {
     return Amount;
    }
    void setAmount(double Amount)
    {
       this -> Amount = Amount;
    }
    void CalaSalary()
     {
      earning = SalesPercent/100 * Amount;
     }
     void output()
     {
      CalaSalary();
      cout << No <<"\t"<< Name <<"\t"<<"销售人员"<<"\t"<< Amount <<"\t"<< earning << endl;
     }
};
```

7.4　小结

　　本章主要讲述了 C++语言中类的继承关系,主要是为了解决复杂的问题而采用的机制。因为基类的个数不同,而划分为单继承和多重继承。派生类的构造函数需要完成成员的初始化工作,要遵循这样的原则:派生类的构造函数只完成派生类新增成员的初始化,对于继承来的基类成员,调用基类构造函数去完成;对于新增对象成员,则通过调用对象的构造函数来完成。派生类的析构函数同样完成内存清理工作,派生类析构函数执行次序和构造函数正好相反:首先执行派生类析构函数体,再分别调用派生类对象成员所属类的析构函数,最后分别调用基类析构函数。

习题 7

1. 选择题

(1) 在 C++ 中,类之间的继承关系具有(　　　　)。

    (A) 自反性　　　　　　(B) 对称性　　　　　　(C) 传递性　　　　　　(D) 反对称性

(2) 在下列关于类的继承描述中,正确的是(　　　　)。

    (A) 派生类公有继承基类时,可以访问基类的所有数据成员,调用所有成员函数

    (B) 派生类也是基类,所以它们是等价的

    (C) 派生类对象不会建立基类的私有数据成员,所以不能访问基类的私有数据成员

    (D) 一个基类可以有多个派生类,一个派生类可以有多个基类

(3) 当一个派生类公有继承一个基类时,基类中的所有公有成员成为派生类的(　　　　)。

    (A) public 成员　　　(B) private 成员　　　(C) protected 成员　(D) 友元

(4) 当一个派生类私有继承一个基类时,基类中的所有公有成员和保护成员成为派生类的(　　　　)。

    (A) public 成员　　　(B) private 成员　　　(C) protected 成员　(D) 友元

(5) 当一个派生类保护继承一个基类时,基类中的所有公有成员和保护成员成为派生类的(　　　　)。

    (A) public 成员　　　(B) private 成员　　　(C) protected 成员　(D) 友元

(6) 不论派生类以何种方式继承基类,都不能直接使用基类的(　　　　)。

    (A) public 成员　　　(B) private 成员　　　(C) protected 成员　(D) 所有成员

(7) 在创建派生类对象时,构造函数的执行顺序是(　　　　)。

    (A) 对象成员构造函数→基类构造函数→派生类本身的构造函数

    (B) 派生类本身的构造函数→基类构造函数→对象成员构造函数

    (C) 基类构造函数→派生类本身的构造函数→对象成员构造函数

    (D) 基类构造函数→对象成员构造函数→派生类本身的构造函数

(8) 当不同的类具有相同的间接基类时,(　　　　)。

    (A) 各派生类无法按继承路线产生自己的基类版本

    (B) 为了建立唯一的间接基类版本,应该声明间接基类为虚基类

    (C) 各派生类按继承路线产生自己的基类版本

    (D) 为了建立唯一的间接基类版本,应该声明派生类虚继承基类

2. 编程题

定义一个 Rectangle 类,它包含两个数据成员 length 和 width,以及用于求长方形面积的成员函数。再定义 Rectangle 的派生类 Rectangular,它包含一个新数据成员 height 和用来求长方体体积的成员函数。在 main 函数中,使用两个类,求某个长方形的面积和某个长方体的体积。

第8章

多态性与运算符重载

本章学习目标

- 了解并理解多态性的概念；
- 理解并掌握运算符的重载及应用；
- 掌握虚函数的概念；
- 了解"＋＋"和"－－"运算符的重载。

本章重点讲述面向对象程序设计的另一重要特点——多态性，对多态性的概念以及具体应用进行了详细描述；同时讲述了运算符的重载，尤其重点介绍了自加和自减两个运算符，为了对任何用户自定义类型都能做相关的一些运算需要对运算符进行重载，重载的过程中有一些注意事项需要重点掌握；最后介绍了虚函数的概念及应用的意义。

8.1　多态性

现实生活中，多态性意指一个事物有多种形态。在 C++ 语言中，多态性的含义亦是如此，就是指不同的对象收到相同的消息时，会产生不同的动作。例如要计算圆、长方形或正方形的面积等，若给定一个半径，那么求的是圆面积，若给定一个长和一个宽求的是矩形面积，若给定一条边长则求的是正方形面积。这里，对于"求面积"这个相同的消息，不同的对象做出了不同的响应。这时就可以利用多态性的特征，用统一的函数名来标识这些函数，就可以达到用同一个接口访问不同函数的目的。

可以用一个名字定义不同的函数，这些函数执行不同但又类似的操作，从而可以使用相同的调用方式来调用这些具有不同功能的函数，就是多态性的机制。再如，"画"的消息针对一个圆心加半径画出来的是圆，针对一条长与一条宽画出来的就是矩形等，生活中有很多这样的实例。

8.1.1　通用多态和专用多态

多态性是面向对象程序设计的重要特征。在 C++ 语言中，多态性可以细分为 4 类：参数多态、包含多态、重载多态和强制多态。前面两种多态统称为通用多态，而后面两种统称为专用多态。

参数多态与类属函数和类属类相关联,本书中讲到的函数模板和类模板就是属于这种类型。由类模板实例化的各个类都有相同的操作,而操作对象的类型可以各不相同。同样地,由函数模板实例化的各个函数也都具有相同的操作,但这些函数的参数类型也是可以各不相同的。

包含多态是研究类族中定义于不同类中的同名成员函数的多态行为,主要是通过本章讲的虚函数来实现的。

重载多态包括函数重载、运算符重载等,前面讲的普通函数及类的成员函数的重载都属于这一类型;运算符重载将在 8.3 节讲述。

强制多态是指将一个对象的类型加以变化,以符合一个函数或操作的要求。例如,加法运算符在进行浮点数与整型数相加时,要进行类型强制转换,要把整型数转换为浮点数之后再进行相加。

8.1.2　多态的实现

在 C++语言中支持两种多态性:编译时的多态和运行时的多态。多态的实现与联编这一概念有关。所谓联编就是把函数名与函数体的程序代码连接在一起的过程。联编又可分为静态联编和动态联编。系统用实参与形参进行匹配,对于同名的重载函数便根据参数上的差异进行区分,然后进行联编,从而实现多态。

1. 静态联编

静态联编是在编译阶段完成的联编,就是把一条消息和一个对象的方法相结合的过程。编译时的多态就是通过静态联编实现的,函数的重载和运算符的重载都属于这种类型。

静态联编的优点是在访问方法时没有运行时间的开销,函数的调用与函数定义的绑定在程序执行前进行。因此,一个成员函数的调用并不比普通函数的调用更费时。

静态联编的缺点是不经过重新编译程序将无法实现。

2. 动态联编

动态联编是在程序运行阶段完成的联编,就是指同属于某一基类的不同派生类对象,在形式上调用从基类继承的同一成员函数时,实际调用了各自派生类的同名函数成员。

运行时的多态就是用动态联编来完成的,当程序调用到某一函数名时,才去寻找和连接其程序代码。对面向对象程序而言,就是当对象接收到某一消息时,才去寻找和连接相应的方法。

静态联编要求在程序编译时就知道调用函数的全部信息,因此,这种联编类型的函数调用速度很快,效率很高,但缺乏灵活性;动态联编则恰好相反,采用动态联编时,一直要到程序运行时才能确定调用哪个函数,运行时的时间开销稍大于静态联编,降低了程序的运行效率,但提高了程序的灵活性,而且无须重新编译程序就能够实现。纯的面向对象程序语言常采用动态联编的方式。而基于 C 语言的 C++语言为了保持 C 语言的高效性,所以仍采用静态联编。

在 C++语言中提供了"虚函数"的机制,利用虚函数机制,C++可部分地采用动态联编。也就是说,C++实际上是采用了静态联编和动态联编相结合的联编方法。运行时的多态性主要是通过虚函数来实现的。例如:

```
# include < iostream. h>
class Base
{
  public:
    void display()
      {
        cout <<"Hey!"<< endl;
      }
};
class Derived:public Base
{
    public:
      void display()
      {
        cout <<"Every Boy。"<< endl;
      }
};
void main()
{
    Base obj1, * p;
    Derived obj2;
    p = &obj1;
    p - > display();
    p = &obj2;
    p - > display();
}
```

其运行结果如图 8-1 所示。

说明：程序运行结果并不是预想的字符串"Hey! Every Boy。"，这种输出结果是因为 C++语言中的静态联编机制造成的。静态联编机制首先将指向基类对象的指针 p 与基类的成员函数 display()连接在一起，这样，无论指针 p 再指向哪个对

图 8-1　联编示例

象，p-> display()调用的总是基类的成员函数 display()。因此，上述事例结果为两个"Hey!"。

为了解决这一问题，C++引入了虚函数机制。如果在基类 Base 中把成员函数 display()说明为虚函数，则会有不同的结果。虚函数允许函数调用与函数体之间的联系在运行时才建立，即在运行时才决定如何动作，这也就是所谓的动态联编。

虚函数定义是在基类中进行的，它是在需要定义为虚函数的成员函数的声明中冠以关键字 virtual，并要在派生类中重新定义。所以虚函数为它的派生类提供了一个公共界面，而派生类对虚函数的重定义则指明函数的具体操作。在基类中的某个成员函数被声明为虚函数后，此虚函数就可以在一个或多个派生类中被重新定义。在派生类中重新定义时，其函数原型包括返回类型、函数名、参数个数、参数类型的顺序等都必须与基类中的原型完全相同。

虚函数定义的一般语法格式为：

virtual <函数类型> <函数名> (<形参表>)

```
{
    //函数体
}
```

说明：

（1）关键词 virtual 不能省略。

（2）函数类型为函数返回值类型，没有返回值时为"void"，函数名为合法的用户自定义标识符，形参列表可以是由逗号（","）隔开的多个参数，也可以是空，但是圆括号不能省。

（3）函数体为函数功能实现语句。

【例 8-1】 虚函数的应用案例 1。

题目：虚函数机制在程序中的应用，验证动态联编的效果。

```cpp
#include<iostream.h>
class Base
{
    public:
      virtual void display()              //基类 Base 中定义了虚函数 display()
        {
          cout <<"Hey!";
        }
};
class Derived:public Base
{
    public:
      void display()
        {
          cout <<" I'm Leifeng."<< endl;
        }
};
void main()
{
    Base obj1, * p;
    Derived obj2;
    p = &obj1;
    p->display();                       //调用基类中的公有函数成员 display()
    p = &obj2;
    p->display();                       //调用派生类中的公有函数成员 display()
}
```

其运行结果如图 8-2 所示。

由此可见，虚函数的作用是：虚函数首先是基类中的成员函数，在这个成员函数前面缀上关键字 virtual，并在派生类中被重载。虚函数与派生类的结合可使 C++支持运行时的多态性，而多态性对面向对象的程序设计又是非常重要

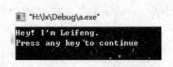

图 8-2　例 8-1 运行结果

的，实现了在基类定义派生类所拥有的通用接口，而在派生类中定义具体的实现方法，即通常所说的"同一接口，多种方法"，它能帮助程序员处理越来越复杂的程序。

【例 8-2】 虚函数的应用案例 2。

题目：针对例 8-1,进一步验证利用虚函数的机制来实现动态联编。

```cpp
#include<iostream.h>
class A
{
  public:
    virtual void print()
      {
        cout <<"This is print A"<< endl;
      }
};
class B:public A
{
  public:
    void print()                          //关键字 virtual 可以省略
      {
        cout <<"This is print B"<< endl;
      }
};
class C:public B
{
  public:
    void print()
      {
        cout <<"This is print C"<< endl;
      }
};
void main()
{
  A a, * p;
  B  b;
  C  c;
  p = &a;
  p->print();
  p = &b;
  p->print();
  p = &c;
  p->print();
}
```

其运行结果如图 8-3 所示。

说明：类 B 继承类 A,再派生类 C,在基类 A 中定义了 print()
为虚函数,实际上 B 中的 print()函数也是虚函数。

总之,如果在派生类中的函数满足以下三个条件则可以判
断该函数是虚函数：

（1）该函数与基类的虚函数有相同的名称。

（2）该函数与基类的虚函数有相同的参数个数及相同对应参数类型。

图 8-3 例 8-2 运行结果

（3）该函数与基类的虚函数有相同的返回类型或者满足赋值兼容规则的指针、引用型。

虚函数的说明如下：

（1）派生类应该从它的基类公有派生。一个虚函数无论被公有继承多少次，它仍然保持虚函数的特性。

（2）必须首先在基类中定义虚函数。在实际应用中，应该在类等级内需要具有动态多态性的几个层次中的最高层类内首先声明虚函数。

（3）在派生类对基类声明的虚函数进行重定义时，关键字 virtual 可以写也可以不写。但在容易引起混乱的情况下，最好在对派生类的虚函数进行重定义时也加上关键字 virtual。

（4）使用对象名和点运算符（"."）的方式也可以调用虚函数，但这在编译时进行的是静态联编，它没有充分发挥虚函数的特性。只有通过基类指针访问虚函数时才能获得运行时的多态性（动态联编）。

（5）虚函数必须是其所在类的成员函数，而不能是友元函数，也不能是静态成员函数，因为虚函数调用要靠特定对象来激活对应的函数，但是虚函数可以在另一个类中被声明为友元函数。

（6）内联函数不能是虚函数，因为内联函数是不能在运行时动态确定其位置的，即使虚函数是在类的内部定义，编译时仍将其看作是非内联的。

（7）构造函数不能是虚函数，因为虚函数作为运行过程中多态的基础，主要是针对对象的，而构造函数是在对象产生之前运行的，所以虚构造函数是没有意义的。

（8）析构函数可以是虚函数，而且通常被声明为虚函数。

其中，虚析构函数的声明语法格式为：

```
virtual ~<类名>();
```

如果一个类的析构函数是虚函数，由它派生而来的所有派生类的析构函数不管是否用 virtual 进行说明也都看作是虚析构函数。析构函数被声明为虚函数后，在使用指针引用时可以动态联编，实现运行时的多态，保证使用时基类类型的指针能够调用适当的析构函数针对不同的对象进行清理工作。

【例 8-3】 虚析构函数的应用案例。

题目：完善例 8-2，验证虚析构函数的运行机制。

```cpp
#include<iostream.h>
class A
{
  public:
   A( )
    {
      cout<<"This is print A"<<endl;
    }
   virtual ~A()
    {
      cout<<"This is print ~A"<<endl;
    }
};
```

```
class B:public A
{
  public:
  B( )
    {
      cout <<"This is print B"<< endl;
    }
  virtual ~B()
    {
      cout <<"This is print ~B"<< endl;
    }
};
class C:public B
{
  public:
  C( )
    {
      cout <<"This is print C"<< endl;
    }
    virtual ~ C()
    {
      cout <<"This is print ~C"<< endl;
    }
};
void main()
{
  A * p;
  p = new C;
  delete p;
}
```

其运行结果如图 8-4 所示。

如果类 A 中的析构函数不是虚函数,则运行结果如图 8-5 所示。

图 8-4 例 8-3 运行结果 1

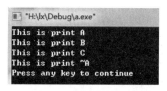

图 8-5 例 8-3 运行结果 2

说明:因为实施多态性是通过将基类的指针指向派生类的对象,如果删除该指针,就会调用该指针指向的派生类的析构函数,而派生类的析构函数又自动调用基类的析构函数,这样整个派生类的对象就会被完全释放。

前面章节中讲过重载函数的概念与意义,那么在这里分析一下虚函数与重载函数的关系:在一个派生类中重新定义基类的虚函数其实是函数重载的一种形式,但它又不同于普通的函数重载。普通的函数重载要求重载的函数的参数或参数类型必须有所不同,函数的返回类型也可以不同。但是,当重载一个虚函数时,即当在派生类中重新定义虚函数时,要求函数名、参数个数、参数类型和顺序及返回类型与基类中的虚函数原型必须完全相同。如果返回类型不同,其余均相同,系统会给出错误信息；如果函数名相同,而参数个数、类型或顺序不同,系统将会把它作为普通的函数重载,这样将会丢失虚函数的特性。

【例 8-4】 多重继承与虚函数的应用案例。

题目：验证多重继承中虚函数的运行机制。

```cpp
# include < iostream. h >
class Base1
{
  public:
   virtual void display()              //基类中的虚函数
    {
       cout <<"This is   Base1"<< endl;
    }
};
class Base2
{
  public:
   void display()                      //基类中的普通成员函数
    {
       cout <<"This is   Base2"<< endl;
    }
};
class Derive:public Base1,public Base2   //多重继承,新类 Derive
{
  public:
   void display()
    {
       cout <<"This is   Derive"<< endl;
    }
};
void main()
{
   Base1   a, * p1;
   Base2    * p2;
   Derive   c;
   p1 = &a;
   p1 -> display();
   p1 = &c;
   p1 -> display();                    //调用派生类中的成员函数 display()
   p2 = &c;
   p2 -> display();                    //调用基类中的普通成员函数 display()
}
```

其运行结果如图 8-6 所示。

在前面讲过,虚函数实际上为派生类提供了一个公共的界面,派生类对虚函数的重定义是为了明确函数的具体操作。但在某些情况下,基类只是定义了一个框架,它并没有对虚函数的功能进行定义,而是希望所有的派生类都自

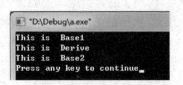

图 8-6　例 8-4 运行结果

已给出对应函数的定义。在 C++ 语言中采用纯虚函数的概念来实现该种需求。所谓的纯虚函数是一个在基类中说明的虚函数,但它在基类中没有定义。

纯虚函数的一般定义语法格式为:

virtual <函数类型> <函数名>(<参数表>) = 0;

说明:

(1) 其定义格式与虚函数定义格式基本相同,只是纯虚函数被声明为"＝0",即在该类中没有该虚函数的函数体(或说其函数体为空)。

(2) 纯虚函数是虚函数的特殊形式,对它的调用也是通过动态联编来实现的,不同的是纯虚函数在基类中完全是空的,调用的均是派生类中的定义。

(3) 在派生类中必须有重新定义的纯虚函数的函数体,这样的派生类才能实例化。

【例 8-5】 纯虚函数的应用案例。

题目:编写纯虚函数,验证纯虚函数的功能。

```cpp
# include < iostream. h >
class Base{
  protected:
    int x;
  public:
    Base()
    {
      x = 150;
    }
    virtual void print() = 0;            //在类 Base 体内声明纯虚函数 print()
};
void Base::print()
{
    cout <<"x = "<< x << endl;          //在类 Base 体外定义该函数的功能
}
class Derive:public Base
{
  private:
    int y;
  public:
    Derive()
    {
      y = 250;
    }
    void print()
    {
      cout <<"y = "<< y << endl;
    }
};
void main()
{
  Derive   b;
  Base  * pa = &b;
  pa - > print();                       //调用派生类中重载的成员函数
```

```
    pa->Base::print();                      //调用基类中的纯虚函数
}
```

其运行结果如图 8-7 所示。

图 8-7   例 8-5 运行结果

8.2   抽象类

如果在一个类中至少有一个纯虚函数,就称该类为抽象类,对于抽象类的使用有以下几点注意事项:

(1) 由于抽象类中至少包含一个没有定义功能的纯虚函数,因此,抽象类只能作为其他类的基类使用,不能建立抽象类对象,其纯虚函数的实现由派生类给出。

(2) 抽象类不能用作参数类型、返回类型或显式转换的类型。

(3) 不允许从具体类派生抽象类。所谓具体类,就是不包含纯虚函数的普通类。

(4) 可以声明指向抽象类的指针或引用,此指针可以指向它的派生类,进而实现多态性。

(5) 如果派生类中没有重定义纯虚函数,而派生类只是继承基类的纯虚函数,则这个派生类仍然是一个抽象类。如果派生类中给出了基类纯虚函数的实现,该派生类就不再是抽象类,即可以利用该派生类来建立对象。

(6) 类中也可以定义普通成员函数或虚函数,虽然不能为抽象类声明对象,但仍然可以通过派生类对象来调用这些不是纯虚函数的函数。

(7) 建立抽象类的目的是为了给一个类族建立一个公共的接口,使它们能够更有效地发挥多态特性。

【例 8-6】 抽象类的应用案例。

题目:通过定义抽象类,来验证抽象类的应用要点。

```
# include < iostream. h>                    //定义抽象类 person
class person
{
  public:
    virtual void voice() = 0;              //声明纯虚函数
};
class student:public person
{
  public:
    void voice()
    {
        cout <<"响铃——学生开始坐下听课"<< endl;      //在派生类中实现纯虚函数
```

```
        }
};
class teacher:public person
{
    public:
     void voice()
     {
         cout <<"响铃——教师开始站着上课"<< endl;        //在派生类中实现纯虚函数
     }
};
void main()
{
    person * p;                          //声明抽象类的指针
    p = new student();                   //实例化派生类 student 的一个对象赋值给指针 p
    p -> voice();
    p = new teacher();
    p -> voice();
}
```

其运行结果如图 8-8 所示。

图 8-8　例 8-6 运行结果

8.3　运算符重载

在 C++语言中,规定使用预定义的运算符进行对象操作,这些对象只能是基本数据类型。但在实际应用中,处理复杂问题的时候也需要对用户自定义类型(例如类、复数等)进行相应的运算操作。这时可以对 C++中的运算符进行重载,赋予这些运算符新的功能,使它们能够用于特定类型对象执行特定的操作。运算符重载的实质是函数重载,它提供了 C++的可扩展性,从另一个方面体现了面向对象的多态性。

8.3.1　运算符重载的概念

重载是面向对象设计的重要特征,运算符重载是对已有的运算符赋予多重含义,使用同一个运算符作用于不同类型的数据导致不同的行为。C++中经重载后的运算符能直接对用户自定义的数据进行操作运算,这就是 C++语言中的运算符重载所提供的功能。运算符重载进一步提高了面向对象的灵活性、可扩充性和可读性。

例如,求两个复数的和,则定义一个复数类 complex:

```
class complex
{
    public:
     double    real,imag;            //分别表示复数的实部和虚部
     complex(double r = 0,double i = 0)
      {
        real = r;
        imag = i;
      }
};
```

如果想求复数类 complex 的两个对象 com1 和 com2 之和,则下面的语句是不能实现该功能的:

```
void main( )
{
    complex  com1(1.2,2.3),com2(3.4,4.5),total;
    total = com1 + com2;                //" + "运算符不能实现求两个复数之和
    //...
}
```

说明:complex 类是用户自定义的数据类型,而不是 C++ 中预定义的基本类型,C++ 系统知道如何将两个 int、float 数据相加,知道如何把两个不同数据类型的数据进行类型转换然后相加,但 C++ 无法实现两个 complex 类的对象相加。

在 C++ 中提供了一种运算符重载方法,能够实现两个自定义数据类型的相加。实现这一功能首先要进行运算符的重载定义。其语法格式为:

```
<类型> <类名>::operator <操作符>(<参数列表>)
{
    //函数体
}
```

说明:

(1) 类型为函数的返回值类型,即运算符的运算结果值的类型。

(2) 类名为该运算符重载所属类的类名。

(3) 关键字 operator 不能省略,用来表示创建运算符函数。

(4) 操作符是所要重载的运算符,在 C++ 语言中除了“∷”(类属运算符)、“.”(成员访问运算符)、“＊”(间接访问运算符)以及“?∶”(条件运算符)4 种运算符之外的所有运算符。

例如,要将上述类 complex 的两个对象相加,只要编写一个运算符函数 operator＋()即可,如下所示:

```
complex complex::operator + (complex com1,complex com2)
{
    complex temp;
    temp.real = com1.real + com2.real;
    temp.imag = com1.imag + com2.imag;
    return temp;
}
```

通过上面的运算符重载,在程序设计过程中以下两种表达均正确:

```
total = com1 + com2;                //可以实现两个 complex 类对象的相加
total = operator + (com1,com2);     //可以实现两个 complex 类对象的相加
```

总之,在 C++ 语言中对运算符重载制定了以下一些规则:

(1) 运算符重载是针对新类型数据的实际需要,对原有运算符进行适当的改造而完成的。一般来讲,重载的功能应当与原有的功能相类似。

(2) C++ 语言中只重载原先已有定义的运算符,程序员不能臆造新的运算符来扩充 C++ 语言。

（3）C++语言中几乎所有的运算符都可以被重载,其中包括：

- 算术运算符：＋、－、＊、/、％、＋＋、－－。
- 位操作运算符：&、|、～、^、<<、>>。
- 逻辑运算符：!、&&、||。
- 比较运算符：<、>、<=、>=、==、! =。
- 赋值运算符：=、+=、－=、＊=、/=、％=、&=、|=、^=、<<=、>>=。
- 其他运算符：[]、()、->、,、new、delete、-> ＊。

（4）重载运算符时,不能改变运算符的操作数个数,也不能改变运算符原有的优先级和结合性。

（5）重载运算符时,不能改变运算符对预定义类型数据的操作方式。

8.3.2 运算符重载为类的成员函数

运算符重载有两种形式：

- 把运算符重载函数定义成某个类的友元函数,称为友元运算符函数；
- 把运算符函数定义成某个类的成员函数,称为成员运算符函数。

成员运算符函数定义的一般语法格式为：

```
class <类名>
{
  //....
  <返回类型> operator <运算符>(<形参表>);  //成员运算符函数声明
  //...
}
```

在类体外定义成员运算符函数的一般语法格式为：

```
<返回类型> <类名>::operator <运算符>(<形参表>)
{
    //函数体
}
```

说明：类名是重载此运算符的类名,返回类型指定了运算符重载函数的运算结果类型；operator 是定义运算符重载函数的关键字；运算符是要重载的运算符名称；形参表中给出重载运算符所需要的参数和类型。

注意：在成员运算符函数的形参表中,若运算符是单目的则形参表为空；若运算符是双目的则形参表中有一个操作数。

1. 双目运算符重载

对于双目运算符,成员运算符函数的形参表中仅有一个参数,它作为运算符的右操作数,当前对象作为运算符的左操作数,它是通过 this 指针隐含地传递给函数的。

【例 8-7】 运算符重载的应用案例1。

题目：对"＋"运算符进行重载,使其能对复数类进行加运算(要求将运算符的重载函数定义为成员运算符函数)。

```
# include < iostream.h >
```

```cpp
class complex
{
    double real,image;
  public:
    complex(double r = 0,double i = 0)
    {
      real = r;
      image = i;
    }
    double real_1()
    {
        return real;
    }
    double image_1()
    {
      return image;
    }
    complex operator + (complex &c);     //双目运算符的成员运算符函数形参为一个
};
complex complex::operator + (complex &c)
{
  complex temp;
  temp.real = real + c.real;
  temp.image = image + c.image;
  return temp;
}
void main()
{
  complex c1(2,3),c2(4,5),c3;
  cout <<"c1 = "<< c1.real_1()<<" + "<< c1.image_1()<<"j"<< endl;
  cout <<"c2 = "<< c2.real_1()<<" + "<< c2.image_1()<<"j"<< endl;
  c3 = c1 + c2;
  cout <<"c3 = "<< c3.real_1()<<" + "<< c3.image_1()<<"j"<< endl;
}
```

其运行结果如图 8-9 所示。

2. 单目运算符重载

对单目运算符而言,成员运算符函数的参数表中没有参数,此时当前对象作为运算符的操作数。

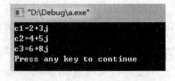

图 8-9　例 8-7 运行结果

【例 8-8】 运算符重载的应用案例 2。

题目:对"-"取负运算符进行重载,使其能对复数类进行运算(要求将运算符的重载函数定义为成员运算符函数)。

```cpp
# include < iostream.h >
class complex
{ private:
    int a,b;
  public:
    complex(int x = 0,int y = 0)
```

```
        {
          a = x;
          b = y;
        }
      complex operator – ();        //单目运算符重载成员运算符函数时没有参数
      void print();
};
complex complex::operator – ()
{
   complex c;
   c.a = 0 – a;
   c.b = 0 – b;
   return c;
}
void complex::print()
{
 cout <<"输出：("<< a <<") + ("<< b <<")i"<< endl;
}
void main()
{
   complex ob1(10,20),ob2;
   ob1.print();
   ob2 = – ob1;
   ob2.print();
}
```

其运行结果如图 8-10 所示。

图 8-10　例 8-8 运行结果

8.3.3　运算符重载为类的友元函数

在 C++语言中，运算符重载的重载函数也可以定义为类的友元函数。

1. 友元运算符函数的定义

友元运算符函数的原型在类的内部声明的语法格式为：

```
class <类名>
{
  //...
  friend <返回类型> operator <运算符>(<形参表>);
  //...
}
```

在类体外定义友元运算符函数的一般格式为：

```
<返回类型> operator <运算符>(<形参表>);
{
   //函数体
}
```

说明：<返回类型>指明友元运算符函数的运算结果类型；operator 是定义重载运算符函数的关键字；运算符就是要重载的运算符名称，但是必须是 C++中允许重载的运算符；形参表给出重载运算符所需要的参数和类型；关键字 friend 表明这是一个友元运算符函数。

注意：同友元函数一样，友元运算符函数也不是该类的成员函数，在类外定义时不需要缀上类名。由于没有 this 指针，若友元运算符函数重载的是双目运算符，则参数表中需要有两个操作数；若重载的是单目运算符，则参数表中需要有一个操作数。

2. 双目运算符重载

两个复数 a+bi 和 c+di 进行乘、除的方法为：

乘法：$(a+bi)*(c+di)=(ac-bd)+(ad+bc)i$

除法：$(a+bi)/(c+di)=((a+bi)*(c-di))/(c^2+d^2)$

在 C++ 语言中要实现复数的乘、除运算，可以定义两个友元运算符函数，通过重载"＊""/"运算符来实现。

注意：当用友元函数重载双目运算符时，两个操作数都要传递给运算符函数。

【**例 8-9**】　运算符重载的应用案例 3。

题目：重载"＊""/"两个运算符，使其能对复数进行乘、除的操作，要求重载的运算符函数为类的友元运算符函数。

```cpp
# include < iostream. h>
class complex
{
  public:
  complex(double r = 0.0, double i = 0.0);
  void print();
  friend complex operator * (complex a, complex b);
  friend complex operator /(complex a, complex b);
 private:
  double real;
  double imag;
};
complex::complex(double r, double i)
{
  real = r;
  imag = i;
}
complex operator * (complex a, complex b)
{
  complex temp;
  temp. real = a. real * b. real - a. imag * b. imag;
  temp. imag = a. real * b. imag + a. imag * b. real;
  return temp;
}
complex operator /(complex a, complex b)
{
  complex temp;
  double t;
  t = 1/(b. real * b. real + b. imag * b. imag);
  temp. real = (a. real * b. real + a. imag * b. imag) * t;
  temp. imag = (b. real * a. imag - a. real * b. imag) * t;
```

```
        return temp;
    }
void complex::print()
{
    cout << real;
    if(imag > 0)
        cout <<" + ";
    if(imag!= 0)
        cout << imag <<"i\n";
}
void main()
{
    complex A1(1.2,3.4),A2(5.6,7.8),A3,A4;
    A3 = A1 * A2;
    A4 = A1/A2;
    A1.print();
    A2.print();
    A3.print();
    A4.print();
}
```

其运行结果如图 8-11 所示。

3. 单目运算符重载

用友元函数重载单目运算符,需要一个显式的操作数。

【**例 8-10**】 运算符重载的应用案例 4。

题目:用友元函数重载单目运算符"-"。

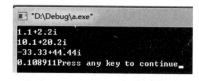

图 8-11 例 8-9 运行结果

```
# include < iostream. h>
class AB
{
    public:
        AB( int x = 0, int y = 0)
            {
                a = x;
                b = y;
            }
        friend AB operator - (AB obj);        //定义类的友元函数,重载取负运算符
        void print();
    private:
        int a,b;
};
AB operator - (AB obj)
{
    obj.a =- obj.a;
    obj.b =- obj.b;
    return obj;
}
void AB::print()
```

```
    {
        cout <<"a = "<< a <<"   b = "<< b << endl;
    }
    void main()
    {
        AB ob1(12,22),ob2;
        ob1.print();
        ob2 =- ob1;   //对类 AB 的一个对象 ob1 进行取负运算
        ob2.print();
    }
```

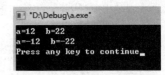

图 8-12   例 8-10 运行结果

其运行结果如图 8-12 所示。

8.4 "＋＋"和"－－"的重载

"＋＋"和"－－"运算符在 C++语言中为单目运算符,在第 2 章中详细介绍了此类运算符的运算功能以及规则,这里对两个运算符通过重载,进行功能扩展,使其能对用户自定义类型实现自加、自减运算。

【例 8-11】 运算符重载的应用案例 5。

题目:利用友元函数重载"＋＋"和"－－"运算符。

```
# include < iostream. h >
class Add
{
 public:
    Add( int i = 0, int j = 0);
    void print();
    friend Add operator ++(Add op);
private:
    int x,y;
};
Add::Add( int i, int j)
{
    x = i;
    y = j;
}
void Add::print()
{
    cout <<"("<< x <<","<< y <<")"<< endl;
}
Add operator ++(Add op)
{
    ++op.x;
    ++op.y;
    return op;
}
void main()
```

```
    {
        Add ob(17,21);
        ob.print();
        operator ++(ob);
        ob.print();
        ++ob;
        ob.print();
    }
```

其运行结果如图 8-13 所示。

由运行结果可知,程序并没有实现预期的功能,结果为错误的。其原因在于友元函数没有 this 指针,所以不能引用 this 指针所指的对象。这个函数是采用对象参数通过传值的方法传递参数的,函数体内对 op 的所有修改都无法传到函数体外。因此,在 operator++()函数中,任何内容的改变不会影响产

图 8-13　例 8-11 运行结果

生调用的操作数,也就是说,实际上对象 x 和 y 并未增加,而运算符++的原意是改变操作数自身的值,因此造成了错误。

为了解决以上问题,使用友元函数重载单目运算符"++"时,采用引用参数传递操作数来保持运算符"++"的原意。

【例 8-12】 运算符重载的应用案例 6。

题目:修改例 8-11,利用友元函数重载"++"和"－－"运算符,真正实现其功能。

```
#include < iostream.h >
class Add
{
 public:
    Add(itn i = 0,int j = 0);
    void print();
    friend Add operator ++(Add   &op);
 private:
    int x,y;
}
Add::Add(int i,int j)
{
   x = i;
   y = j;
}
void Add::print()
{
   cout <<"x"<< x <<,y"<< y << endl;
}
Add operator ++(Add &op)
{
   ++op.x;
   ++op.y;
   return op;
}
void main()
```

```
{
    Add   ob(10,20);
    ob.print();
    ++(ob);
    ob.print();
    operator ++(ob);
    ob.print();
}
```

其运行结果如图 8-14 所示。

一般而言,如果在某个用户定义类 A 中采用友元函数重载了某个单目运算符,而 obj 是类 A 的一个对象,则可以采用以下两种格式进行函数的调用:

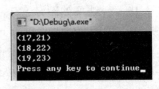

图 8-14　例 8-12 运行结果

单目运算符(a1);

等价于

operator 单目运算符(a1);

说明:

(1) 在重载运算符时,运算符函数所做的操作不一定要保持 C++中该运算符原有的含义,如可以将加运算符重载成减操作,但这样容易造成混乱。

(2) 运算符重载函数 operator 运算符()可以返回任何类型,甚至可以是 void 类型,但通常返回类型与它所操作的类的类型相同,这样可使重载运算符用在复杂的表达式中。

(3) 不能用友元函数重载的运算符有"="")""[]""->"。

(4) C++编译器根据参数的个数和类型来决定调用哪个重载函数,因此,可以为同一个运算符定义几个运算符重载函数来进行不同的操作。

(5) 在 C++中,用户不能定义新的运算符,只能从已有的预定义运算符中选择一个恰当的运算符进行重载。

8.5　综合案例——公司人员管理系统 8

在公司人员管理系统中 Person 类为基类,包括了公司所有人员的共同数据成员,还包括一些成员函数,因为每一类人员要求实现的方法不同,所以要求定义为虚函数,其具体定义如下:

```
class Person                              //Person 类的定义
{
    protected:
        int No;
        char Name[10];
        int duty;
        double earning;
        Person * next;
```

```
public:
    Person(char ID, char * Name, int duty)
    {
        this -> duty = duty;
        strcpy(this -> Name, Name);
        this -> No = ID;
    }
    friend class Company;
    virtual void CalaSalary() = 0;              //纯虚函数的定义
    virtual void output() = 0;
};
```

因为每一类人的月薪都不一样,所以需要在不同的子类中实现 CalaSalary()函数,又因为每一类人员信息不同,所以输出信息也不同,因此需要在不同的子类中实现 output()函数。

8.6 小结

本章重点讲述了面向对象的另一大特点:多态性。多态性是指同一操作对不同对象来说结果不同。此外,为了满足所有数据类型的运算(包括预定义类型和用户自定义类型)有些系统预定义的运算符对于用户自定义类型数据的某些运算有些力不从心,所以引入重载机制,将运算符功能扩大到可以实现任何类型数据的对应运算。

习题 8

1. 选择题

(1) 在下列运算符中,不能重载的是(   )。

　　(A)!　　　　　　　　(B) sizeof　　　　　(C) new　　　　　(D) delete

(2) 在下列关于运算符重载的描述中,(   )是正确的。

　　(A) 可以改变参与运算的操作数个数　　　　(B) 可以改变运算符原来的优先级

　　(C) 可以改变运算符原来的结合性　　　　　(D) 不能改变原运算符的语义

(3) 在下列函数中,不能重载运算符的函数是(   )。

　　(A) 成员函数　　　　(B) 构造函数　　　　(C) 普通函数　　　　(D) 友元函数

(4) 要求用成员函数重载的运算符是(   )。

　　(A) =　　　　　　　　(B) ==　　　　　　　(C) <=　　　　　　(D) ++

(5) 要求用友元函数重载的 ostream 类输出运算符是(   )。

　　(A) =　　　　　　　　(B) []　　　　　　　(C) <<　　　　　　(D) ()

(6) 在下列关于类型转换的描述中,错误的是(   )。

　　(A) 任何形式的构造函数都可以实现数据类型转换

　　(B) 带非默认参数的构造函数可以把基本类型数据转换成类类型对象

(C) 类型转换函数可以把类类型对象转换为其他指定类型对象

(D) 类型转换函数只能定义为一个类的成员函数,不能定义为类的友元函数

(7) 系统在调用重载函数时往往根据一些条件确定哪个重载函数被调用,在下列选项中,不能作为依据的是( )。

    (A) 函数的返回值类型   (B) 参数的类型

    (C) 函数名称   (D) 参数个数

(8) 在 C++中,用于实现动态多态性的是( )。

    (A) 内联函数   (B) 重载函数   (C) 模板函数   (D) 虚函数

(9) 不能说明为虚函数的是( )。

    (A) 析构函数   (B) 构造函数   (C) 类的成员函数   (D) 以上都不对

(10) 如果一个类至少有一个纯虚函数,那么就称该类为( )。

    (A) 抽象类   (B) 派生类   (C) 纯基类   (D) 以上都不对

2. 简答题

(1) 什么是多态? 多态性是如何实现的?

(2) 什么是操作符重载?

3. 阅读下列程序,写出运行结果。

(1)

```cpp
# include < iostream. h >
class T
{
 public :
  T( )
   { a = 0;
     b = 0;
     c = 0; }
  T( int i, int j, int k )
   { a = i;
     b = j;
     c = k; }
  void get( int &i, int &j, int &k )
   { i = a;
     j = b;
     k = c; }
T operator * ( T obj );
private:
int a, b, c;
};
T T::operator * ( T obj )
{
T tempobj;
tempobj.a = a * obj.a;
tempobj.b = b * obj.b;
tempobj.c = c * obj.c;
return tempobj;
}
```

```
void main()
{
  T obj1( 1,2,3 ), obj2( 5,5,5 ), obj3;
  int a, b, c;
  obj3 = obj1 * obj2;
  obj3.get( a, b, c );
  cout <<"( obj1 * obj2 ): " <<"a = " << a <<'\t'<<"b = " << b <<'\t'<<"c = " << c <<'\n';
  (obj2?obj3).get( a, b, c );
  cout <<"( obj2 * obj3 ): " <<"a = " << a <<'\t'<<"b = " << b <<'\t'<<"c = " << c <<'\n';
}
```

（2）

```
# include < iostream. h >
class Vector
{
  public:
    Vector()
    { }
    Vector( int i, int j )
    { x = i;
      y = j; }
    friend Vector operator + ( Vector v1, Vector v2 )
    {
     Vector tempVector;
     tempVector.x = v1.x + v2.x;
     tempVector.y = v1.y + v2.y;
     return  tempVector;
    }
    void display()
    {
     cout << "( " << x << ", " << y << ") "<< endl;
    }
  private:
    int x, y;
};
void main()
{
  Vector v1( 1, 2 ), v2( 3, 4 ), v3;
  cout << "v1 = ";
  v1.display();
  cout << "v2 = ";
  v2.display();
  v3 = v1 + v2;
  cout << "v3 = v1 + v2 = ";
  v3.display();
}
```

## 第9章

流类库与输入输出

本章学习目标

- 了解输入输出的概念；
- 理解并掌握 C++ 的流概念；
- 理解并掌握标准的输入输出流的应用；
- 了解并理解文件的输入输出流的应用。

本章重点讲述输入输出的概念，这里对标准输入输出的格式、控制符等进行详解；同时讲述文件的输入输出流以及对应的文件操作。

9.1 输入输出的概念

数据的字节序列称为字节流，简称流（Stream）。按对字节内容的解释方式，字节流分为字符流（也称文本流）和二进制流。"流"是一种抽象的形态，指的是计算机里的数据从一个对象流向另一个对象。数据流入和流出的对象指的是计算机的屏幕、内存、文件等一些输入输出设备。

最常用的流对象是标准输入流（对象）cin 和标准输出流（对象）cout，它们和外部设备之间的关系如图 9-1 所示。

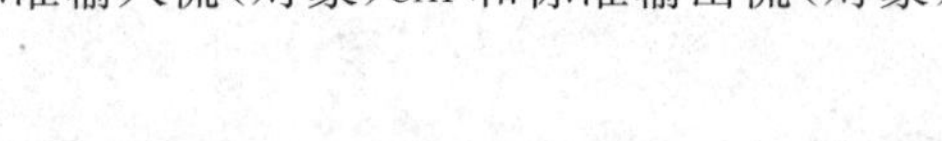

图 9-1　标准输入输出流与外部设备的关系

除了在键盘、内存、显示器之间建立数据流实现输入输出外，还可以在内存与文件之间以及内存与其他输入输出设备（如扫描仪、打印机）之间建立数据流实现数据的输入输出。流总是与某一设备相联系，通过使用流类中定义的方法来完成对这些设备的输入输出操作。流具有方向性：与输入设备（如键盘）相联系的流称为输入流；与输出设备（如屏幕）相联系的流称为输出流；与输入输出设备（如磁盘）相联系的流称为输入输出流。

字符流：将字节流的每个字节按 ASCII 字符解释。数据传输时需要做适当的转换，效率较低，但字符流可以直接编辑、显示或打印，字符流文件通用于各类计算机。

二进制流：将字节流的每个字节按二进制方式解释。数据传输时不需要做转换，效率较高，但不同类型的计算机对数据的二进制存放格式存在差异，且无法人工阅读，二进制流文件的可移植性较差。

C++中包含几个预定义的标准流对象，需要在程序中包含头文件"iostream.h"方可使用。具体如表 9-1 所示。

表 9-1　C++中的标准流对象

标准流对象名	符　　号	功　　能
标准输入	cin	与标准输入设备相关联
标准输出	cout	与标准输出设备相关联
非缓冲型的标准出错流	cerr	与标准错误输出设备相关联
缓冲型的标准出错流	clog	与标准错误输出设备相关联
提取运算符	>>	用于从流中提取一个字节序列
插入运算符	<<	用于向流中插入一个字节序列

在默认的情况下，指定的标准输出设备是屏幕，标准输入设备是键盘。输入流自动将要输入的字节序列形式的数据变换成计算机内部形式的数据（二进制数或 ASCII）后，再赋给变量，变换后的格式由变量的类型确定。输出流自动将要输出的数据变换成字节序列后，送到输出流中。如：

```
cin >> a;        //流提取运算符把变量 a 的值从 cin 输入到内存中
cout << a;       //流插入运算符把变量 a 的值从内存输出到标准输出设备上
```

9.2　C++的基本流类体系

输入输出流的类体系称为流类，流的实现称为流类库。在 C++语言中，流类是为输入输出提供的一组类，它们都放在流类库中。流类库是一个由多继承关系形成的类层次结构，如图 9-2 所示。

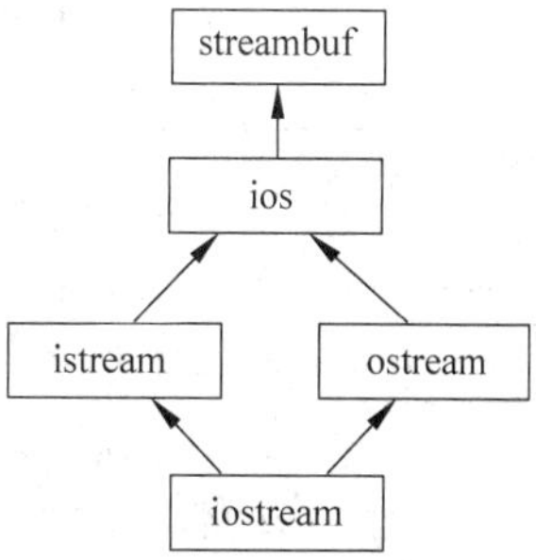

说明：

（1）在 iostream.h 中说明，支持 C++输入输出程序设计。类 istream 是类 ios 的公有派生类，提供输入操作；类 ostream 是类 ios 的公有派生类，提供输出操作。

（2）类 iostream 是由类 istream 和 ostream 公有派生的，并没有重新增加新成员，它支持输入和输出操作。

（3）类 ios 是类 istream 和 ostream 的虚基类，提供流的格式化输入输出和错误处理，并通过指向类 streambuf 的对象的指针成员来管理流缓冲区。

图 9-2　流类库

在实际编程过程中，通常使用类 ios、istream、ostream 和 iostream 提供的公有接口成员函数来进行输入输出操作。计算机中的程序、数据、文档常以文件形式保存在计算机内存中。文件是指相关数据的字节序列集合。由于输入输出设备具有字节流特征,所以它也是文件。程序可通过文件名来使用文件。

因为输入输出设备的速度比 CPU 慢得多,如果 CPU 直接与外部设备交换数据,必然占用大量的 CPU 时间,降低 CPU 的使用效率。因此,使用缓冲区的概念(缓冲区是指系统在主存中开辟的,用来临时存放输入输出数据的区域),CPU 只要从缓冲区中读取数据或者把数据写入缓冲区,而不必等待外部设备的具体输入输出操作,可以提高 CPU 的使用效率。按在缓冲区中是否立即处理,流分为缓冲流和非缓冲流。通常用缓冲流,仅在特殊场合采用非缓冲流。I/O 流类如表 9-2 所示。

表 9-2　标准 I/O 流类

分　类	类　名	说　　明	所在头文件
抽象流基类	ios	所有输入输出流类的基类	ios. h
输入流类	istream	通用输入流类和其他输入流的基类	iostream. h
	ifstream	输入文件流类	fstream. h
	istrstream	输入字符串流类	strstream. h
	istream_withassign	cin 的输入流类	iostream. h
输出流类	ostream	通用输出流类和其他输出流的基类	iostream. h
	ofstream	输出文件流类	fstream. h
	ostrstream	输出字符串流类	strstream. h
	ostream_withassign	cout、cerr、clog 的输出流类	iostream. h
输入输出流类	iostream	通用输入输出流类和其他输入输出流类的基类	iostream. h
	fstream	输入输出文件流类	fstream. h
	strstream	输入输出字符串流类	strstream. h
	stdiostream	标准 I/O 文件的输入输出类	stdiostr. h
流缓冲区类	streambuf	抽象流缓冲区基类	iostream. h
	filebuf	磁盘文件的流缓冲区类	fstream. h
	strstreambuf	字符串的流缓冲区类	strstream. h
	stdiobuf	标准 I/O 文件的流缓冲区类	stdiostr. h
预先定义的流初始化类	iostream_init	初始化预定义流对象的类	iostream. h

9.3　标准输入输出流

为了控制输入输出的格式,C++的 I/O 流允许对 I/O 操作进行格式化,并且规定格式化输入输出仅用于文本流,而二进制流是原样输入输出,不必做格式化转换。iomanip 头文件中预定义了 11 个格式控制函数,用于控制输入输出数据的格式,如表 9-3 所示。

表 9-3　输入输出格式控制符

用　　途	格式控制函数名	功　　能
输入	ws	提取空白字符
输出	endl	输入一个换行符
	flush	刷新流
	setfill(int)	设置填充空位的字符
	setprecision(int)	设置实数的精度
	setw(int)	设置输出数据的宽度
输入输出	dec	设置为十进制值
	hex	设置为十六进制值
	oct	设置为八进制值
	resetioflags(long)	取消指定的标志
	setioflags(long)	设置指定的标志

9.3.1　输出宽度控制：setw 和 width

使用流操纵元 setw 和成员函数 width 可以控制当前域宽（即输入输出的字符数），宽度的设置仅适用于下一个插入或读取的数据。

注意：在输出流中控制域宽，如果输出数据的宽度比设置的域宽小，将以默认右对齐方式输出数据，左边空位会用填充字符来填充（填充字符默认为空格）。如果输出数据的宽度比设置的宽度大，数据不会被截断，将输出所有位数。

【例 9-1】 标准输入输出流的应用案例 1。

题目：验证 setw()函数和 hex 控制符的功能。

```
# include< iostream. h>
# include< iomanip. h>
void main()
{
    int a = 256, b = 64;
    cout <<"a = "<< setw(10)<< a <<" b = "<< b << endl;
    cout <<"a = "<< hex << setw(10)<< a <<" b = "<< b << endl;
}
```

其运行结果如图 9-3 所示。

注意：hex 表示十六进制，dec 表示十进制，oct 表示八进制，它们的设置是互斥的，一旦设置，一直有效，直到下一次设置数制为止。

【例 9-2】 标准输入输出流的应用案例 2。

题目：验证 width()函数的功能。

```
# include< iostream. h>
void main()
{
    char * str[6] = {"a","ab","abc","abcd","abcde","abcdef"};
    for(int i = 0;i < 6;i++)
        {
```

```
        cout.width(5);                                  //设置输出内容宽度为5
        cout << str[i]<< endl;
    }
}
```

其运行结果如图 9-4 所示。

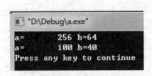

"D:\Debug\a.exe"
a=   256 b=64
a=   100 b=40
Press any key to continue

图 9-3　例 9-1 运行结果

"D:\Debug\a.exe"
a
ab
abc
abcd
abcde
abcdef
Press any key to continue

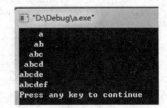

图 9-4　例 9-2 运行结果

说明：数组中的最后一个数组元素“abcdef”因为长度超过所限定的 5，所以按照原值输出，并没有截断。

9.3.2　填充字符控制：setfill 和 fill

在默认的情况下，如果域宽大于数据宽度时，填充多余空间的字符是空格。如果要改变填充字符，可以使用流操纵元 setfill 和成员函数 fill。设置填充字符后，将对程序后面的输出代码产生永久影响，直到下一次改变填充字符为止。

【例 9-3】　标准输入输出流的应用案例 3。

题目：验证 setfill()函数的功能。

```
#include <iostream.h>
#include <iomanip.h>
void main()
{
  double a[] = {1.1,1.23456,123.4567,14253.689};
  for(int i = 0;i < 4;i++)
  {
    cout << setfill('*');                         //改为 cout.fill('*');也可实现
    cout << setw(10)<< a[i]<< endl;
  }
}
```

其运行结果如图 9-5 所示。

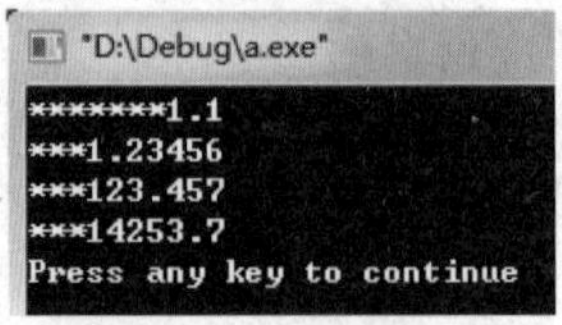

"D:\Debug\a.exe"
*******1.1
***1.23456
***123.457
***14253.7
Press any key to continue

图 9-5　例 9-3 运行结果

9.3.3 输出精度控制：setprecision 和 precision

使用流操纵元 setprecision 以及成员函数 precision 可以控制浮点数输出的精度，精度一旦设置，就可以用于以后所有输出的数据，直到下次精度发生变化。

注意：使用 precision 可以返回设置前的精度。

【例 9-4】 标准输入输出流的应用案例 4。

题目：验证 setprecision（）函数的功能。

```
# include < iostream. h >
# include < iomanip. h >
void main()
{
    double a = 3.1415926;
    int x = cout.precision(4);                    //保存设置精度前的精度值
    cout <<"a = "<< a << endl;
    cout <<"a = "<< setprecision(x)<< a << endl; //恢复原来的默认设置
}
```

其运行结果如图 9-6 所示。

说明：

（1）在程序没有设置计数法的情况下，此精度值表示浮点数的有效数字个数。

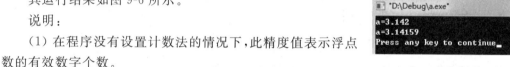

图 9-6 例 9-4 运行结果 1

（2）若程序设置了计数法（ios：fixed 或 ios：：scientific），则表示小数点后数字的个数。ios：fixed 表示以定点法输出浮点数（不带指数），ios：：scientific 表示以科学计数法输出浮点数。

若程序中添加如下代码：cout << setiosflags(ios::fixed);

则运行结果如图 9-7 所示。

若程序中添加如下代码：cout << setiosflags(ios::scientific);

则运行结果如图 9-8 所示。

图 9-7 例 9-4 运行结果 2

图 9-8 例 9-4 运行结果 3

9.3.4 其他格式状态

在设置精度的例子中，浮点数计数法的设置是通过使用 setiosflags 来完成的。setiosflags 也是一个流操纵元，定义在头文件< iomanip. h >中。通过将 setiosflags 的参数设置为如表 9-4 所示，可以对相应的输入输出格式进行控制。若需要同时设置多个标志位时，可以使用按位或运算符（"|"）将不同的标识项结合起来。

表 9-4 流格式状态标识值

流格式状态标识	说　明
ios::skipws	跳过输入流的空白字符
ios::left	在输出域中左对齐输出,必要时,在右边填充字符
ios::right	在输出域中右对齐输出,必要时,在左边填充字符(默认)
ios::internal	在输出域中左对齐数值的符号及进制符号,右对齐数字值
ios::dec	以十进制形式格式化指定整数(默认)
ios::oct	以八进制形式格式化指定整数
ios::hex	以十六进制形式格式化指定整数
ios::showbase	在数值前输出进制(0 表示八进制,0x 或 0X 表示十六进制)
ios::showpoint	输出浮点数时显示小数点和尾部的 0
ios::uppercase	输出十六进制数时显示大写字母 A~F,科学计数法显示大写 E
ios::showpos	输出正数时前面加正号(+)
ios::scientific	以科学计数法显示浮点数
ios::fixed	以定点表示法显示浮点数

9.4　文件输入输出流

在前面章节中介绍的程序,数据的输入输出均是使用 cin 和 cout 通过标准输入输出设备来完成的。一般这些都是针对信息量少的情况而言,但是如果要处理大量数据的时候,这样的处理方法就显得捉襟见肘。为了解决此类问题,通常的做法是利用磁盘作为数据存放的介质,大量的数据信息以文件的形式存放在磁盘中,可以随时存取。所谓文件就是逻辑上有联系的数据信息的集合体。对文件的输入输出操作,一般步骤为:创建流对象并打开文件→读写文件→关闭文件。

9.4.1　文件的打开与关闭

1. 文件的打开

为了能够对一个文件进行读写操作,首先应该"打开"该文件;在使用结束后,则应该"关闭"文件。在 C++中,打开一个文件,就是将这个文件与一个流建立关联;关闭一个文件,就是取消这种关联。这个流有三种类型:输入流(ifstream)、输出流(ofstream)和输入输出流(fstream)。

要执行文件的输入输出,需要以下几个步骤:

(1) 在程序中包含头文件"fstream. h"。

(2) 建立流:建立流的过程就是定义流类的对象。

(3) 使用 open()函数打开文件,也就是使用某一文件与上面建立的流相关联。

open()函数是上述三个流类的成员函数,其原型是在 fstream. h 中定义的,原型为:

```
void open(const unsigned char * , int mode, int access = filebuf::openprot);
```

具体用法如下:

```
<I/O流类名><流对象名>;                    //声明一个流对象
<流对象名>. open(<文件名>,<打开方式>);      //调用open函数打开文件
```

例如：

```
ofstream  file;
file.open("boot.ini",ios::out);
```

说明：open()函数中的第一个形参用于指定打开文件的文件名,第二个形参用于指定文件的打开方式,C++中文件的打开方式如表9-5所示。

表9-5　文件打开方式

打 开 方 式	说　　明
ios::in	打开一个输入文件,是 ifstream 对象的默认方式
ios::out	打开一个输出文件,是 ofstream 对象的默认方式。若打开一个已有文件,则删除原有内容,若打开的文件不存在,将创建该文件
ios::app	打开一个输出文件,用于在文件末尾添加数据,不删除文件原有内容
ios::ate	打开一个现有文件(用于输入或输出),并定位到文件结尾
ios::nocreate	仅打开一个存在的文件(不存在则失败)
ios::noreplace	仅打开一个不存在的文件(存在则失败)
ios::trunc	打开一个输出文件,如果它存在则删除文件原有内容
ios::binary	以二进制模式打开一个文件(默认是文本模式)

另外,在构造函数中还可以直接指定文件名以及文件的打开方式。具体表示方法如下：

```
<I/O流类名>  <流对象名>(<文件名>,<打开方式>);
```

例如：`ifstream my_file("C:\\hello.dat",ios::binary);`

注意：如果使用上述两种方式打开文件操作不成功(如文件路径不正确),那么文件流对象将为“0”。通常在打开文件时,可用如下方式判断打开操作是否失败：

```
if(!my_file)                        //如果打开文件的操作不成功
{
  //函数体
}
```

2. 文件的关闭

在使用完一个文件后,应该把它关闭。所谓关闭,就是使打开的文件与流“脱钩”。关闭文件可使用 close()函数完成,close()函数也是流类中的成员函数,它不带参数,不返回值。例如：

```
my_file.close();
```

将关闭与流 my_file 相连接的文件。

9.4.2　文件的读写

1. 文本文件的读写

文件一旦打开,从文件中读取文本数据与向文件中写入文本数据将变得十分容易,值只

需要使用运算符"<<"与">>"就可以,只是需要用于文件相连接的流代替 cin 和 cout。如下列语句:

```
ofstream my_file("C:\\hello.dat",ios::out);
my_file <<"Hello!"<<' '<< 234 << endl;              //my_file代替了 cout
```

说明:在字符串与整数之间插入一个空格,是为了在文件中将数据分隔开,以便在读出时能正确区分数据。

如下语句:

```
char s[10];
int i;
ifstream in_file("C:\\data.txt",ios::in);
in_file >> s >> i;
```

说明:

(1) 将文件 data.txt 中的数据提取到字符串变量 s 及整型变量 i 中。使用插入运算符在写入数据时仅局限于标准数据类型及字符串,对于自定义类型的数据并不能直接插入。

(2) 也可以使用流对象的 put 或 write 成员函数,将数据写入到文件中。用流对象的 get、getline 或 read 成员函数来读取需要的数据。

下面简单介绍几个常用函数。

(1) put()函数。使用 put()函数可以将一个单个字符写入流对象,进而写入流对象所关联的文件中,它的用法如下:

```
my_file.put('A');
```

或者

```
char ch = 'A';
my_file.put(ch);
```

注意:使用 put()函数每次只能写一个字符;使用 put()函数输出数据不受格式影响,即设置的域宽和填充字符对于 put()函数不起作用。

(2) write()函数。使用 write()函数能把内存中的一块内容写入输出流对象中。

第一个形参用于指定输出数据的内存起始地址,该地址为字符型(char *),因此传递的实参应为字符型的指针。第二个形参用于指定所写入的字节数,即从该起始地址开始写入多少字节的数据,第二个形参类型为整型。

【例 9-5】 标准输入输出流的应用案例 5。

题目:利用 write 函数向文件"test"中写入整数与双精度数。

```
# include< iostream. h>
# include< fstream. h>
# include< string. h>
void main()
{
  ofstream out("test");
  if(!out)
   {
```

```
            cout <<"Cann't open output file.\n";
        }
        int i = 12345;
        double num = 123.45;
        out.write((char *)&i,sizeof(int));
        out.write((char *)&num,sizeof(double));
        out.close();
    }
```

注意：使用 write 函数时，由于它的第一个形参是字符型的指针，因此必须将其地址强制类型转换为字符型的指针。

（3）get()函数。使用 get()函数可以从流对象中提取一个字符。get()函数弥补了提取运算符不能提取空白字符的缺点，它能把任意字符包括空白符提取出来。

使用 get()函数提取一个字符时，有带形参和不带形参两种形式，具体用法如下：

```
char ch;
ch = cin.get();
```

或者

```
cin.get(ch);
```

若以上语句中调用 get()函数的是一个输入文件流对象，将能够从该流对象所关联的文件中提取出单个字符。

（4）getline()函数。getline()函数用于从流对象中提取多个字符，通常用于提取一行字符。getline()函数有三个形参。第一个形参为字符型指针（char *），用于存放读出的多个字符，通常传递的实参为字符数组；第二个形参为整型，用于指定本次读取的最大字符个数；第三个形参为字符型，默认值为回车符（"\n"），用于指定分隔字符，作为一次读取结束的标志。

【例 9-6】 标准输入输出流的应用案例 6。

题目：读取文件"C:\\text.txt"中的内容，并输出到屏幕上。

```
# include < fstream.h >
# include < iostream.h >
void main()
{
    char array[100];
    ifstream fs("C:\\text.txt",ios::in);
    if(!fs)
        return;
    while(!fs.eof())
    {
        fs.getline(array,100);
        cout << array << endl;
    }
    fs.close();
}
```

说明：使用 getline()函数按行读取文件中的数据，每次读取一行时，遇到回车符或达到最大字符个数，可结束。

(5) read()函数。read()函数主要用于从流中提取整块数据到变量中,常用于提取自定义类型数据及数组。

read 函数的第一个形参用于保存读取的数据,第二个形参用于指出读取多少个字符。

read()函数原型如下:

```
istream &read(unsigned char * buf,int num);
```

2. 检测文件结束及错误处理

在文件结束的地方有一个标志位,记为 EOF(End OF)。采用文件流方式读取文件时,使用成员函数 eof(),可以检测到这个结束符。如果该函数的返回值非零,表示到达文件尾;为零表示未到达文件尾。该函数的原型是:

```
int eof();
```

函数 eof()的用法实例如下:

```
ifstream ifs;
...
if(! ifs.eof())                          //尚未到达文件尾
```

还有如下函数:

bad()函数:如果出现一个严重的、不可恢复的错误,如由于非法操作导致数据丢失、对象状态不可用等,则返回 True,通常这种错误不可修复,此时不要对流再进行 I/O 操作。

fail()函数:如果某种操作失败,如打开操作不成功,或不能读出数据,或读出数据的类型不符等,则返回 True。

good()函数:如果以上三种错误均未发生,表示流对象状态正常,则返回 True。

9.4.3 文件读写位置指针

位置指针就是用来保存在文件中进行读或写的位置。与 ofstream 流对应的是写位置指针,指定下一次写数据的位置。相关函数包括:

- seekp()函数用来移动指针到指定的位置。
- tellp()函数用来返回指针当前的位置。

与 ifstream 流对应的是读位置指针,指定下一次读数据的位置。相关函数包括:

- seekg()函数用来移动指针到指定的位置。
- tellg()函数用来返回指针当前的位置。

seekp()及 tellp()函数与 seekg()及 tellg()函数在使用上大体相同。seekg()函数常用的使用形式如下:

```
seekg(n)            //n>0 表示移动到文件的第 n 个字节后,n=0 表示移动到文件起始位置
seekg(n,ios::beg)   //从文件起始位置向后移动 n 个字节,n 为大于或等于 0 的数
seekg(n,ios::end)   //从文件结尾位置向前移动 n 个字节,n 为小于或等于 0 的数
seekg(n,ios::cur)   //从文件当前位置向前或向后移动 n 个字节
```

说明:在后三种形式中,n=0 表示在指定位置处,n>0 表示从指定位置向后移动,n<0 表示从指定位置向前移动。

tellg()函数的用法：

streampos n = 流对象.tellg();

说明：streampos 可看作整型数据，n 用于保存 tellg()函数的返回值，即指针当前所在位置。

9.5 综合案例——公司人员管理系统 9

在公司人员管理系统中，Company 类中要实现设置基本数据 set()和数据读入方法 Load()，所以要用到文件输入输出流，具体实现如下：

```
class Company                  //Company 类
{
  private:
   Person * Worker;
   void clear();
 public:
  Company()                 //构造函数
   {
     Worker = 0;
     Load();
   }
   ~Company()                //析构函数
   {
     Person * p;
     p = Worker;
     While(p)
     {
       p = p - > next;
       delete Worker;
       Worker = p;
     }
   Worker = 0;
}
 void add();
 void delete();
 void modify();
 void query();
 void set();                //设置基础数据函数
 void save();               //保存数据函数
 void Load();               //数据载入函数
};
void Company::save()
{
  ofstream fPerson,fBase;
  char c;
  cout <<"\n 保存人员和基础数据,是否继续?【Y/N】: ";
  cin >> c;
  if(toupper(c)!= 'Y') return;
  fPerson.open("person.txt",ios::out);
```

```
     Person * p = Worker;
     while(p)
     {
       fPerson << p -> No <<"\t"<< p -> Name <<"\t"<< p -> duty <<"\t";
       if(p -> duty == 3)
         fPerson <<((Sales * )p) -> getAmount()<<"\t";
       else if(p -> duty == 4)
         fPerson <<((Technician * )p) -> getT()<<"\t";
       fPerson << endl;
       p = p -> next;
     }
     fPerson.close();
     fBase.open("base.txt",ios::out);
     fBase <<"公司经理固定月薪\t"<< ManagerSalary << endl;
     fBase <<"销售经理固定月薪\t"<< SalesManagerSalary << endl;
     fBase <<"销售经理提成\t"<< SalesManagerPercent << endl;
     fBase <<"销售人员提成\t"<< SalesPercent << endl;
     fBase <<"技术人员时薪\t"<< WagePerHour << endl;
     fBase <<"ID\t"<< ID << endl;
     fPerson.close();
     cout <<"\n 保存人员和基本数据已经完成...."<< endl;
}
void Company::Load()
{
     ifstream fBase;
     char buf[90];
     fBase.open("base.txt",ios::in);
     fBase >> buf >> ManagerSalary;
     fBase >> buf >> SalesManagerSalary;
     fBase >> buf >> SalesManagerPercent;
     fBase >> buf >> SalesPercent;
     fBase >> buf >> WagePerHour;
     fBase >> buf >> ID;
     fBase.close();
     clear();
     ifstream fPerson;
     Person * p = Worker;
     int No;
     char Name[10];
     int duty;
     double Amount,T;
     fPerson.open("person.txt",ios::in);
     fPerson >> No >> Name >> duty;
     if(duty == 3)
       fPerson >> Amount;
     else if(duty == 4)
       fPerson >> T;
     while(fPerson.good())
     {
       switch(duty)
       {
       case 1:p = new Manager(No,Name,duty);break;
       case 2:p = new SalesManager(No,Name,duty);break;
       case 3:p = new Sales(No,Name,duty,Amount);break;
```

```
  case 4:p = new Technician(No,Name,duty,T);break;
  }
p -> next = 0;
if(Worker)
{
 Person * p2;
 p2 = Worker;
 while(p2 -> next)
 {
    p2 = p2 -> next;
 }
 p2 -> next = p;
}
else
 {
  Worker = p;
 }
fPerson >> No >> Name >> duty;
if(duty == 3)
  fPerson >> Amount;
else if(duty == 4)
  fPerson >> T;
}
fPerson.close();
cout << endl;
cout <<"人员和基本数据已经读入...."<< endl;
}
```

9.6　小结

本章重点介绍了 C++ 语言中标准输入输出函数、流的概念以及文件的操作。其中简要介绍了几种重要的格式输出。这是对第 2 章标准输入输出函数的一个补充,使读者对 C++ 语言中的输入输出有了明确的概念。

习题 9

1. 简答题

(1) 在 Visual C++ 中,流类库的作用是什么? 有人说,cin 是键盘,cout 是显示器,这种说法正确吗? 为什么?

(2) 什么叫文件? C++ 读/写文件需要通过什么对象? 有些什么基本操作步骤?

2. 编程题

建立一个文本文件,从键盘输入一篇短文存放在文件中。短文由若干行构成,每行不超过 80 个字符。

第10章

异常处理

本章学习目标

- 理解异常处理的概念；
- 理解并掌握异常处理的操作及应用；
- 掌握异常处理的实现。

本章重点介绍异常处理的概念以及对异常处理出现情况的对应处理，以提高程序的安全性、可靠性。

10.1 异常处理的概念

在程序执行过程中，可能会出现运行结果无法确定、操作中断等非正常的情况，我们把这种情况称之为异常。简单地讲，异常是指程序在执行过程中出现的意外情况。异常出现，不能置之不理，而应当采取一些策略，如果不是严重的错误，应该允许程序能够继续运行下去，并且能够给出适当的提示信息。这些都是异常处理要完成的任务。

常见的异常包括：应用程序请求分配内存，而内存此时不足；请求打开硬盘上某个文件，而该文件又不存在；程序中出现了以零为除数的除法运算错误；打印机未打开，调制解调器掉线等，导致程序运行时挂接此类设备连接失败。

在 C 语言中，没有提供专门处理异常的机制。出现异常时，将由检测出错误的函数返回一个特定的值，错误处理程序可以利用这个值给予一些适当的处理，如果是严重的错误，操作系统将会终止程序。在 C++语言中，将采用系统化的方法处理异常（有专门的语句），它将错误检查和错误处理分开：类可以检查各种可能出现的错误，而类的使用者则需提供具体的错误处理程序。具体地讲，就是当一个函数发现一个错误，但不能处理时，它可以引发一个异常，该异常将交由它的直接或间接调用者来处理，而想处理该错误的调用者需要先捕获异常，才能处理。

10.1.1 C++异常处理的实现

在 C++语言中提供了专门的语句来处理异常，它们是 try、throw 和 catch 语句。异常处理的语法结构为：

```
try                            //定义异常
{
    //<语句>
}
catch(<异常声明1>)             //定义异常处理
{
    //<语句1>
    }
catch(异常声明2)
{
    //<语句2>
}
…
```

说明：

(1) 在 try 的一对"{ }"中的语句是受保护的程序段，主要是将可能出现错误的语句放在该语句块中。

(2) 异常处理语句放在 catch 语句块中，以便异常被传递过来时予以处理。一般程序中包括若干个 catch 语句块。

(3) 当有异常发生时，受保护的程序段会采用 throw 语句将异常抛出，然后由 catch 语句去捕获异常，并进行处理。

throw 语句的语法格式为：

```
throw <运算表达式>
```

其中，运算表达式的类型被称为异常类型，表达式也可以是一个常量、变量或类实例。

10.1.2 异常处理举例

【例 10-1】 异常处理的应用案例 1。

题目：异常处理机制的语法验证。

```
# include < iostream. h>
void main()
{
 try
  {
    throw "Hey, I'm a trouble!";
    cout <<"I'm not executed!!!"<< endl;
  }
 catch(const char * s)
 {
    cout <<"I handle the exception——char * ."<< endl;
    cout <<"I am always excuted!"<< endl;
 }
 catch(int)
 {
    cout <<"I handle the exception——int."<< endl;
```

```
    }
    cout <<"I am always excuted!"<< endl;
}
```

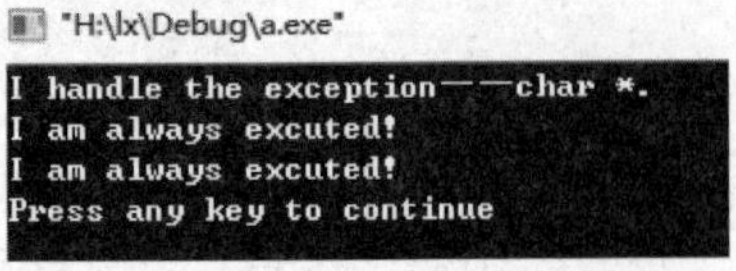

图 10-1　例 10-1 运行结果

其运行结果如图 10-1 所示。

说明：

（1）throw 语句会引发程序的跳转；

（2）throw 语句中的表达式类型应与要处理异常的 catch 所声明的类型一致；

（3）只有所声明异常类型与所引发的异常类型相匹配的 catch 被执行；

（4）若没有匹配的 catch，异常将交由系统处理；

（5）try 和 catch 关联，也就是两者必须同时出现。

【例 10-2】　异常处理的应用案例 2。

题目：除数是零的异常处理。

```
# include < iostream. h >
int div( int x, int y);
int mul( int x, int y);
void main()
{
    int a, b;
    cout <<"please input two integers:";
    cin >> a >> b;
    try{
        cout << div(a, b)<<", "<< mul(a, b)<< endl;
    }catch( int){
        cout <<"exception of dividing zero. "<< endl;
    }
cout <<"that is over. "<< endl;
}
int div( int x, int y)
 {
    if( y == 0)
        throw y;
    else
        return x/y;
 }
int mul( int x, int y)
 {
    return x * y;
 }
```

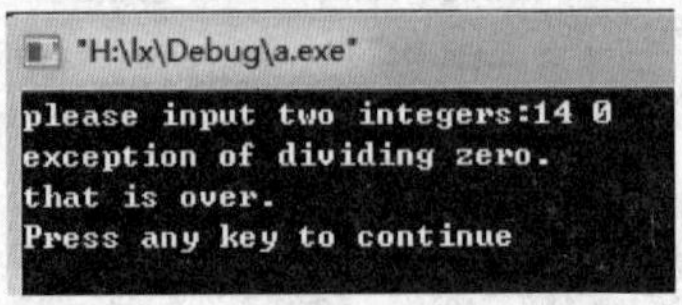

图 10-2　例 10-2 运行结果

其运行结果如图 10-2 所示。

10.2　异常处理的注意事项

在程序中,异常处理有很多问题需要注意,异常处理中需要注意的问题如下:

(1) 如果抛出的异常一直没有函数捕获(catch),则会一直上传到 C++运行系统那里,导致整个程序的终止。

(2) 一般在异常抛出后资源可以正常被释放,但注意如果在类的构造函数中抛出异常,系统是不会调用它的析构函数的,处理方法是:如果在构造函数中要抛出异常,则在抛出前要记得删除申请的资源。

(3) 异常处理仅仅通过类型而不是通过值来匹配,所以 catch 块的参数可以没有参数名称,只需要参数类型。

(4) 函数原型中的异常说明要与实现中的异常说明一致,否则容易引起异常冲突。

(5) 应该在 throw 语句后写上异常对象时,throw 先通过 Copy 构造函数构造一个新对象,再把该新对象传递给 catch。

(6) catch 块的参数推荐采用地址传递而不是值传递,不仅可以提高效率,还可以利用对象的多态性。另外,派生类的异常捕获要放到父类异常捕获的前面,否则,派生类的异常无法被捕获。

(7) 编写异常说明时,要确保派生类成员函数的异常说明和基类成员函数的异常说明一致,即派生类改写的虚函数的异常说明至少要和对应的基类虚函数的异常说明相同,甚至更加严格,更特殊。

10.3　小结

本章重点介绍了在程序设计过程中出现了意料之外的影响程序运行的情况(异常),需要采用异常处理机制来做相应处理,以免对程序造成重大影响。主要从异常处理的格式以及相关注意事项入手进行了详细说明。

习题 10

1. 简答题

(1) 对一个应用是否一定要设计异常处理程序? 异常处理的作用是什么?

(2) 什么叫抛出异常? catch 可以获取什么异常参数? 是根据异常参数的类型还是根据参数的值处理异常? 请编写测试程序进行验证。

2. 编程题

从键盘上输入 x 和 y 的值,计算 $y = \ln(2x - y)$ 的值,要求用异常处理"负数求对数"的情况。

附录A

案例综合

综合第 1 章至第 9 章的内容,将公司人员管理系统代码整理如下,供读者参考与完善。

```cpp
#include<iostream.h>
#include<fstream.h>
#include<ctype.h>
#include<string.h>
double ManagerSalary;                    //经理固定月薪,double 类型
double SalesManagerSalary;               //销售经理固定月薪
double SalesManagerPercent;              //销售经理提成
double SalesPercent;                     //销售人员提成
double WagePerHour;                      //技术人员小时工资
int ID = 0;                              //员工编号,int 类型
class Person                             //Person 类的定义
{
  protected:
    int No;
    char Name[10];
    int duty;
    double earning;
    Person * next;
  public:
    Person(char ID,char * Name,int duty)
    {
      this->duty = duty;
      strcpy(this->Name,Name);
      this->No = ID;
    }
    friend class Company;
    virtual void CalaSalary() = 0;       //纯虚函数的定义
    virtual void output() = 0;
};
class Manager:public Person              //公有继承
{
  public:
    Manager(char ID,char * Name,int duty):Person(ID,Name,duty)
    {  }                                 //构造函数函数体为空
    void CalaSalary()
    {
```

```
        earning = ManagerSalary;
      }
    void output()
    {
      CalaSalary();
       cout << No <<"\t"<< Name <<"\t"<<" 公司经理"<<"\t"<< earning << endl;
    }
};
//SalesManager 类
class SalesManager:public Person              //公有继承
{
  private:
   double Amount;
  public:
   SalesManager(char ID,char * Name,int duty):Person(ID,Name,duty)
    { }
   void setAmount(double s)
   {
     Amount = s;
   }
   void CalaSalary()
   {
     earning = SalesManagerSalary + Amount * SalesManagerPercent/100;
   }
   void output()
   {
     CalaSalary();
     cout << No <<"\t"<< Name <<"\t"<<"销售经理"<<"\t"<< earning << endl;
   }
};
//技术员类
class Technician:public Person
{
  private:
    double t;
  public:
   Technician(char ID,char * Name,int duty,double T):Person(ID,Name,duty)
   {
     this -> t = T;
   }
   double getT()
   {
     return t;
   }
   void setT(double T)
   {
     this -> t = T;
   }
   void CalaSalary()
  {
  earning = WagePerHour * t;
```

```cpp
    }
  void output()
  {
   CalaSalary();
   cout << No <<"\t" << Name <<"\t"<<"技术员"<<"\t"<< earning << endl;
  }
};
//销售人员类
class Sales:public Person
{
  private:
   double Amount;
  public:
   Sales(char ID,char * Name,int duty,double Amount):Person(ID,Name,duty)
   {
     this-> Amount = Amount;
   }
  double getAmount()
  {
   return Amount;
  }
  void setAmount(double Amount)
  {
     this-> Amount = Amount;
  }
  void CalaSalary()
  {
     earning = SalesPercent/100 * Amount;
  }
  void output()
  {
     CalaSalary();
     cout << No <<"\t"<< Name <<"\t"<<"销售人员"<<"\t"<< Amount <<"\t"<< earning << endl;
  }
};
//Company 类
class Company
{
  private:
   Person * Worker;
   void clear()                          //清除内存中的数据
   {
     Person * p = Worker;
  while(p)
  {
  Worker = p-> next;
   delete p;
   p = Worker;
  }
}
  public:
```

```
    Company()
    {   Worker = 0;    Load();   }
    ~Company()
    { Person * p;    p = Worker;
      while(p)
       {
         p = p -> next;
         delete Worker;
         Worker = p;
       }
    Worker = 0; }
    void add(){
    Person * p;
    int duty;
    char Name[10];
    double Amount, T;
    cout <<"\n------------- 新增员工 -------------- "<< endl;
    ++ID;
    cout <<"输入岗位信息(1 - 公司经理, 2 - 销售经理, 3 - 销售员, 4 - 技术员): ";
    cin >> duty;
    cout <<"输入姓名: ";
    cin >> Name;
    if(duty == 3)
    {
      cout <<"本月销售额: ";
      cin >> Amount;
    }
    else if(duty == 4)
    {
      cout <<"本月工作时间(0 - 168 小时): ";
      cin >> T;
    }
    switch(duty)
    {
      case 1: p = new Manager(ID, Name, duty); break;
      case 2: p = new SalesManager(ID, Name, duty); break;
      case 3: p = new Sales(ID, Name, duty, Amount); break;
      case 4: p = new Technician(ID, Name, duty, T); break;
    }
p -> next = 0;
if(Worker)                                 //若节点已经存在
{
    Person * p2;
    p2 = Worker;
    while(p2 -> next)
     {
       p2 = p2 -> next;
     }
    p2 -> next = p;                        //连接节点
}
 else
```

```cpp
    {
      Worker = p;
    }
}
void delet()
{
  int No;
  cout <<"\n----------- 删除员工 ------------ \n";
  cout <<"ID: ";
  cin >> No;
  Person * p1, * p2;
  p1 = Worker;
  while(p1)
  {
    if(p1 -> No == No)
      break;
    else
    {
     p2 = p1;
     p1 = p1 -> next;
    }
  }
if(p1!= NULL)
{
 if(p1 == Worker)
 {
  Worker = p1 -> next;
  delete p1;
 }
 else
 {
   p2 -> next = p1 -> next;
   delete p1;
 }
cout <<"找到该员工信息并删除\n";
}
else
cout <<"未找到!!!\n";
}
void modify()
{
  int No,duty;
  char Name[10];
  double Amount,T;
  cout <<"\n-------------- 修改员工信息 -------------- \n";
  cout <<"ID: ";
  cin >> No;
  Person * p1, * p2;
  p1 = Worker;
  while(p1)
  {
```

```
      if(p1 -> No == No)
        break;
      else
        {
          p2 = p1;
          p1 = p1 -> next;
        }
  }
  if(p1 != NULL)
  {
    p1 -> output();
    cout <<"调整岗位(1-公司经理,2-销售经理,3-销售员,4-技术员): ";
    cin >> duty;
    if(p1 -> duty != duty)
    {
      cout <<"输入姓名: ";
      cin >> Name;
      if(duty == 3)
      {
        cout <<"本月销售额: ";
        cin >> Amount;
      }
      else if(duty == 4)
      {
        cout <<"本月工作时间(0-168 小时): ";
        cin >> T;
      }
      Person * p3;
      switch(duty)
      {
        case 1:p3 = new Manager(p1 -> No, Name, duty); break;
        case 2:p3 = new SalesManager(p1 -> No, Name, duty); break;
        case 3:p3 = new Sales(p1 -> No, Name, duty, Amount); break;
        case 4:p3 = new Technician(p1 -> No, Name, duty, T); break;
      }
      p3 -> next = p1 -> next;
      if(p1 == Worker)
        Worker = p3;
      else
        p2 -> next = p3;
      delete p1;
    }
    else
    {
      cout <<"输入姓名: ";
      cin >> p1 -> Name;
      if(duty == 3)
      {
        cout <<"本月销售额: ";
        cin >> Amount;
        ((Sales * )p1) -> setAmount(Amount);
```

```cpp
        }
        else if(duty == 4)
        {
          cout <<"本月工作时间(0～168 小时): ";
          cin >> T;
          ((Technician * )p1) -> setT(T);}
        }
        cout <<"修改成功!\n";
      }
      else
      cout <<"未找到该员工!"<< endl;
    }
    //查询员工信息
    void query()
    {double sum = 0;
        cout <<" --------- 查询员工本月销售信息 -------- \n";
        Person * p = Worker;
        while(p)
        {
          if(p -> duty == 3)
            sum += ((Sales * )p) -> getAmount();
          p = p -> next;
        }
    p = Worker;
    double sum2 = 0;
    while(p)
    {
        if(p -> duty == 2)
          ( (SalesManager * )p) -> setAmount(sum);
        p -> output();
        sum2 += p -> earning;
        p = p -> next;
    }
    cout <<"本月盈利: "<< sum * 0.20 - sum2 << endl;
    cout <<"按照 20 % 利润计算\n";
    }
    void set()                              //类体内完成定义
    {
      cout <<"\n --------- 设置基础数据 ----------- "<< endl;;
      cout <<"公司经理固定月薪: "<< ManagerSalary <<"元"<< endl;
      cin >> ManagerSalary;
      cout <<"销售经理固定月薪: "<< SalesManagerSalary <<"元"<< endl;
      cin >> SalesManagerSalary;
      cout <<"销售经理提成: "<< SalesManagerPercent <<" % "<< endl;
      cin >> SalesManagerPercent;
      cout <<"销售人员提成: "<< SalesPercent <<" % "<< endl;
      cin >> SalesPercent;
      cout <<"技术人员时薪: "<< WagePerHour <<"元/小时"<< endl;
      cin >> WagePerHour;
      cout <<"员工编号: "<< ID << endl;
    }
```

```
void save();                              //类体内声明,类体外定义
void Load();
};

void Company::save()
{
  ofstream fPerson,fBase;
  char c;
  cout <<"\n保存人员和基础数据,是否继续?【Y/N】: ";
  cin >> c;
  if(toupper(c)!= 'Y') return;
  fPerson.open("person.txt",ios::out);
  Person * p = Worker;
  while(p)
  {
   fPerson << p -> No <<"\t"<< p -> Name <<"\t"<< p -> duty <<"\t";
   if(p -> duty == 3)
     fPerson <<((Sales * )p) -> getAmount()<<"\t";
   else if(p -> duty == 4)
     fPerson <<((Technician * )p) -> getT()<<"\t";
   fPerson << endl;
   p = p -> next;
  }
  fPerson.close();
  fBase.open("base.txt",ios::out);
  fBase <<"公司经理固定月薪\t"<< ManagerSalary << endl;
  fBase <<"销售经理固定月薪\t"<< SalesManagerSalary << endl;
  fBase <<"销售经理提成\t"<< SalesManagerPercent << endl;
  fBase <<"销售人员提成\t"<< SalesPercent << endl;
  fBase <<"技术人员时薪\t"<< WagePerHour << endl;
  fBase <<"ID\t"<< ID << endl;
  fPerson.close();
  cout <<"\n保存人员和基本数据已经完成...."<< endl;
}
void Company::Load()
{
  ifstream fBase;
  char buf[90];
  fBase.open("base.txt",ios::in);
  fBase >> buf >> ManagerSalary;
  fBase >> buf >> SalesManagerSalary;
  fBase >> buf >> SalesManagerPercent;
  fBase >> buf >> SalesPercent;
  fBase >> buf >> WagePerHour;
  fBase >> buf >> ID;
  fBase.close();
  clear();
  ifstream fPerson;
  Person * p = Worker;
  int No;
  char Name[10];
```

```cpp
    int duty;
    double Amount,T;
    fPerson.open("person.txt",ios::in);
    fPerson >> No >> Name >> duty;
    if(duty == 3)
       fPerson >> Amount;
    else if(duty == 4)
       fPerson >> T;
    while(fPerson.good())
    {
     switch(duty)
     {
      case 1:p = new Manager(No,Name,duty);break;
      case 2:p = new SalesManager(No,Name,duty);break;
      case 3:p = new Sales(No,Name,duty,Amount);break;
      case 4:p = new Technician(No,Name,duty,T);break;
     }
     p -> next = 0;
     if(Worker)
     {
      Person * p2;
      p2 = Worker;
      while(p2 -> next)
       { p2 = p2 -> next; }
      p2 -> next = p;
     }
     else
       { Worker = p; }
     fPerson >> No >> Name >> duty;
     if(duty == 3)
        fPerson >> Amount;
     else if(duty == 4)
        fPerson >> T;
    }
    fPerson.close();
    cout << endl;
    cout <<"人员和基本数据已经读入...."<< endl;
}
void main()
{
    char c;
    Company a;
    do
    {
cout <<" ------ 公司人员管理系统 ------- "<< endl;
cout <<"1 - 增加人员"<< endl;
cout <<"2 - 删除人员"<< endl;
cout <<"3 - 修改人员"<< endl;
cout <<"4 - 查询本月经营信息"<< endl;
cout <<"5 - 基础数据设置"<< endl;
cout <<"6 - 数据存盘"<< endl;
cout <<"7 - 数据读入"<< endl;
```

```
 cout <<"8 - 退出"<< endl;
 cout <<"请选择(1 - 8): "<< endl;
 cin >> c;
 switch(c)
 {
  case '1':a.add();break;
  case '2':a.delet();break;
  case '3':a.modify();break;
  case '4':a.query();break;
  case '5':a.set();break;
  case '6':a.save();break;
  case '7':a.Load();break;
  }
 }while(c!= '8');
}
```

运行初始页面如附图 A-1 所示。

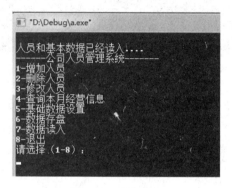

附图 A-1　运行初始页面

模拟操作系统,输入数字 3(修改人员),其运行页面如附图 A-2 所示。

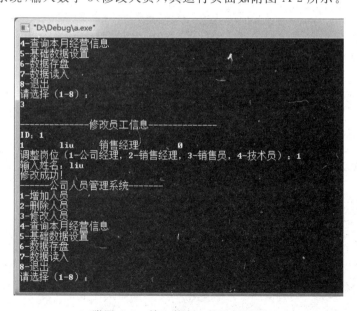

附图 A-2　输入数字 3 的运行页面

输入数字6(保存数据),则运行页面如附图 A-3 所示。

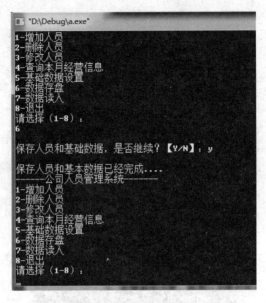

附图 A-3　输入数字 6 的运行页面

这里就不一一试运行了,读者可自行运行该程序,并且在此基础上进行进一步完善。

附录B

参 考 答 案

第 1 章

1. 所谓面向对象,就是以对象的观点来分析现实世界中的问题。从普通人认识世界的观点出发,把事物进行分析、归类、综合,提取其共性并加以描述。在面向对象的系统中,世界被看成是独立对象的一个集合,对象之间通过"消息"相互通信。对象是由描述该对象的数据(又称为属性)和基于这些数据的行为(又称为方法)所组成。

2. 利用面向对象语言对客观系统进行描述时较为自然、贴近人的思维,更便于软件的扩充与复用,其主要特点可归纳如下 4 个:

(1) 识认性,系统中的基本构件可识认为一组可识别的离散对象。

(2) 类别性,系统中具有相同数据结构与行为的所有对象可组成一类。

(3) 多态性,对象具有唯一的静态类型和多个可能的动态类型。

(4) 继承性,在基本层次关系的不同类中共享数据和操作。

3. 需求分析的基本步骤包括:

(1) 调查组织机构情况

主要是概况了解,包括了解该组织的部门组成情况,各部门的职能等信息,为分析信息流程提供必要的依据。

(2) 调查各部门的业务活动情况

软件针对性环境的了解,包括了解各个部门输入和使用什么数据,如何加工、处理这些数据,输出什么信息,输出到什么部门,输出结果的格式是什么等问题。

(3) 协助用户明确对新系统的各种要求

可以通过座谈、问卷以及电邮沟通等方式与客户进行良好沟通,主要包括客户的信息要求、处理要求、完全性与完整性要求等内容。

(4) 确定新系统的边界

明确新系统应该实现的必要功能。主要包括确定哪些功能由计算机完成或将来准备让计算机完成,哪些活动由人工完成。

(5) 分析系统功能

(6) 分析系统数据

(7) 编写分析报告

4. 软件维护活动类型总括起来大概有 4 种:纠错性维护(校正性维护)、适应性维护、完善性维护或增强和预防性维护或再工程。除此4类维护活动外,还有一些其他类型的维护活动,如支援性维护(如用户的培训等)。

改正性维护是指改正在系统开发阶段已发生而系统测试阶段尚未发现的错误。这方面的维护工作量要占整个维护工作量的17%～21%。所发现的错误有的不太重要,不影响系统的正常运行,其维护工作可随时进行;而有的错误非常重要,甚至影响整个系统的正常运行,其维护工作必须制订计划,进行修改,并且要进行复查和控制。

适应性维护是指使用软件适应信息技术变化和管理需求变化而进行的修改。这方面的维护工作量占整个维护工作量的18%～25%。由于计算机硬件价格的不断下降,各类系统软件层出不穷,人们常常为改善系统硬件环境和运行环境而产生系统更新换代的需求;企业的外部市场环境和管理需求的不断变化也使得各级管理人员不断提出新的信息需求。这些因素都将导致适应性维护工作的产生。进行这方面的维护工作也要像系统开发一样,有计划、有步骤地进行。

完善性维护是为扩充功能和改善性能而进行的修改,主要是指对已有的软件系统增加一些在系统分析和设计阶段中没有规定的功能与性能特征。这些功能对完善系统功能是非常必要的。另外,还包括对处理效率和编写程序的改进,这方面的维护占整个维护工作的50%～60%,比例较大,也是关系到系统开发质量的重要方面。这方面的维护除了要有计划、有步骤地完成外,还要注意将相关的文档资料加入到前面相应的文档中去。

预防性维护为了改进应用软件的可靠性和可维护性,为了适应未来的软硬件环境的变化,应主动增加预防性的新的功能,以使应用系统适应各类变化而不被淘汰。例如将专用报表功能改成通用报表生成功能,以适应将来报表格式的变化。这方面的维护工作量占整个维护工作量的4%左右。

第 2 章

1. CDCCA ABBBB

2.

(1) 1/(1 + 1/(1 + 1/(x + y)))

(2) x * (x * (x * (a * x + b) + c) + d) + e

(3) log(1 + pow(fabs((a + b)/(a − b)),10)

(4) sqrt(1 + 3.14159/2 * cos(48 * 3.14159/180))

(5) 1/tan((1 − x * x)/(1 + x * x))

或者 cos((1 − x * x)/(1 + x * x))/sin((1 − x * x)/(1 + x * x))

(6) log10(a * a + a * b + b * b)

第 3 章

1.

```cpp
# include< iostream. h>
void  main()
{
    double score;
```

```
    cout << "please input score:";
    cin >> score;
    if ( score >= 85 )
    cout << "very good!" ;
    else if ( score >= 60 )
    cout << "good!";
    else
        cout << "no good!";
}
```

2.

```
#include< iostream. h>
void main()
{
    int a, b, c, t;
    cout << "a, b, c = ";
    cin >> a >> b >> c;
    if(a>b)
    { t = a; a = b; b = t; }
    if(a>c)
    { t = a; a = c; c = t; }
    if(b>c)
    { t = b; b = c; c = t; }
    cout << a << '\t'<< b << '\t'<< c << endl;
}
```

3.

```
#include< iostream >
void main()
{
    double a, b, c ;
    cout << "a, b, c = " ;
    cin >> a >> b >> c ;
    if ( a+b>c && b+c>a && c+a>b )
     {
       if ( a == b && b == c )
         cout << "等边三角形!"<< endl;
        else if ( a == b || a == c || b == c )
          cout << "等腰三角形!" << endl;
        else
          cout << "一般三角形!" << endl;
      }
     else
      cout << "不能形成三角形!" << endl ;
}
```

4.

```
#include< iostream. h>
void main()
```

```
{
    double score; char grade;
    cout << "score = ";
    cin >> score;
    if ( score >= 0 && score <= 100 )
    {
     switch ( int( score ) /10 )
     {
       case  10:
       case  9:  grade = 'a'; break;
       case  8:  grade = 'b'; break;
       case  7:  grade = 'c'; break;
       case  6:  grade = 'd'; break;
       case  5:
       case  4:
       case  3:
       case  2:
       case  1:
       case  0:  grade = 'e'; break;
     }
    }
    else
    {
     cout <<"数据输入错误!"<< endl;
     goto end;
    }
    cout << grade << endl;
    end:    ;                           //分号不能省
}
```

5.

```
# include < iostream. h >
void main()
{
    int i,j,s;
    for( i = 1; i <= 1000; i++)
    {
     s = 0;
     for( j = 1; j < i; j++)
       if ( i % j == 0 )
         s = s + j;
       if ( i == s )
         cout << i << endl;
    }
}
```

第 4 章

1. 函数的两个重要作用：

(1) 任务划分,把一个复杂任务划分为若干小任务,便于分工处理和验证程序正确性；

（2）软件重用，把一些功能相同或相近的程序段，独立编写成函数，让应用程序随时调用，而不需要编写雷同的代码。

函数的定义形式：

```
类型函数名([形式参数表])
{
  //语句序列
}
```

函数原型是函数声明，告诉编译器函数的接口信息：函数名、返回数据类型、接收的参数个数、参数类型和参数顺序，编译器根据函数原型检查函数调用的正确性。

2.

（1）函数的返回类型是函数返回的表达式的值的类型；

（2）函数类型是指函数的接口，包括函数的参数定义和返回类型；

（3）若有：

```
functionType functionName;                //functionType是已经定义的函数类型
functionType * functionPointer = functionName;    //定义函数指针并获取函数地址
```

则可以通过函数指针调用函数：

```
( * functionPointer)(argumentList);
```

或

```
functionPointer(argumentList);
```

其中 argumentList 是实际参数表。

验证程序：

```
# include < iostream. h>
void main()
{
 typedef int myfunc(int,int);
 myfunc f, * fp;
 int a = 10,b = 6;
 fp = f;
 cout <<"Using f(a):"<< f(a,b)<< endl;            //函数名调用函数
 cout <<"Using fp(a):"<< fp(a,b)<< endl;          //函数指针调用函数
 cout <<"Using ( * fp)(a):"<<( * fp)(a,b)<< endl;  //函数指针调用函数
 return 0;
}
int f(int i, int j)
{
return i * j;
}
```

3. 参数是调用函数与被调用函数之间交换数据的通道。函数定义首部的参数称为形式参数，调用函数时使用的参数称为实际参数。C++有三种参数传递机制：值传递（值调用）、指针传递（地址调用）以及引用传递（引用调用）。

验证程序:

```cpp
#include<iostream.h>
void funcA(int i)
{
 i = i + 10;
}
void funcB(int * j)
{
 * j = * j + 20;
}
void funcC(int &k)
{
 k = k + 30;
}
void main()
{
int a = 1;
  funcA(a);cout <<"a = "<< a << endl;
  funcB(&a);cout <<"a = "<< a << endl;
  funcC(a);cout <<"a = "<< a << endl;
}
```

程序输出:

```
a = 1                    //传值参数,实际参数值不变
a = 21                   //指针参数,形式参数通过间址修改实际参数
a = 51                   //引用参数,形式参数通过别名方式修改实际参数
```

4. C++首先计算表达式的值,然后把该值赋给函数返回类型的匿名对象,通过这个对象,把数值带回调用点,继续执行后续代码。

当函数返回指针类型时,返回的地址值所指对象不能是局部变量。因为局部变量在函数运行结束后会被销毁,返回这个指针是毫无意义的。

返回引用的对象不能是局部变量,也不能返回表达式。算术表达式的值被存储在匿名空间中,函数运行结束后会被销毁,返回这个变量的引用也是无意义的。

5.

(1) 使用指针参数

```cpp
#include<iostream.h>
void fmaxmin( double,double ,double ,double * ,double * );
void main()
{
 double a,b,c,max,min;
 cout << "a,b,c = ";
 cin >> a >> b >> c;
 fmaxmin( a,b,c,&max,&min );
 cout << "max = " << max << endl;
 cout << "min = " << min << endl;
}
 void fmaxmin( double x,double y,double z,double * p1,double * p2 )
```

```
{
    double u, v;
    if ( x > y )
    {  u = x; v = y;  }
    else
    {  u = y; v = x;  };
    if ( z > u )
        u = z;
    if ( z < v )
        v = z;
    * p1 = u;
    * p2 = v;
}
```

（2）使用引用参数

```
# include < iostream. h >
void fmaxmin( double, double , double , double& , double& );
void main()
{
    double a, b, c, max, min;
    cout << "a, b, c = ";
    cin >> a >> b >> c;
    fmaxmin( a, b, c, max, min );
    cout << "max = " << max << endl;
    cout << "min = " << min << endl;
}
void fmaxmin( double x, double y, double z, double &p1, double &p2 )
{
    double u, v;
    if ( x > y )
        { u = x; v = y; }
else
        { u = y; v = x; };
    if ( z > u )
        u = z;
    if ( z < v )
        v = z;
    p1 = u;
    p2 = v;
}
```

6.

```
# include < iostream. h >
double p( double x, int n );
void main()
{
    int n;
    double x;
    cout << "please input x and n:";
    cin >> x >> n;
```

```
          cout << "p(" << x << "," << n << ") = " << p( x,n ) << endl;
      }
  double p( double x, int n )
  {   double t1,t2;
      if( n == 0 )
         return 1;
      else   if( n == 1 )
         return x;
      else
       {
        t1 = ( 2 * n − 1 ) * p( x,n − 1 );
        t2 = ( n − 1 ) * p( x,n − 2 );
        return ( t1 − t2 )/n;
       }
  }
```

第 5 章

1. CBCACCCC

2.

(1) 构造函数必须与类名相同,它不具有任何类型,无返回值,用来对建立的对象赋初值。一个类可有多个构造函数。

析构函数名为类名前加一个"~",一个类只能有一个析构函数,不能重载。如果用户没有编写析构函数,编译系统会自动生成一个缺省的析构函数。当对象离开其作用域时,会自动执行析构函数,用来完成对象被删除前的一些清理工作,如释放内存。

(2)

① 将有关的数据和操作代码放在一个对象中,形成一个基本的单位,各个对象之间相互独立,互不干扰。

② 将对象中某些部分对外隐藏,隐蔽其内部细节,只留下少量接口,以便于外界联系,接收外界的消息。

好处:降低了人们操作对象的复杂程度,有利于数据安全,可防止无关人员了解和修改数据。

(3) 在 main 函数中,要求创建某一种图书对象,并对该图书进行简单的显示、借阅和归还管理。

定义一个 Book(图书)类,在该类定义中包括以下数据成员和成员函数。

数据成员:bookname(书名)、price(价格)和 number(存书数量)。

成员函数:display()显示图书的情况;borrow()将存书数量减 1,并显示当前存书数量;restore()将存书数量加 1,并显示当前存书数量。

```
# include < iostream. h >
class Book
{
 public:
      void setBook(char * ,double,int);
       void borrow();
```

```
            void restore();
            void display();
    private:
            char bookname[40];
            double price;
            int number;
};
//在类外定义 Book 类的成员函数
void Book::setBook(char * name, double pri, int num)
{
 strcpy(bookname, name);
    price = pri;
    number = num;
}
void Book::borrow()
{
 if (number == 0 )
 {
    cout << "已没存书,退出!" << endl;
     abort();
   }
  number = number - 1;
   cout << "借一次,现存书量为: " << number << endl;
}
void Book::restore()
{
  number = number + 1;
   cout << "还一次,现存书量为: " << number << endl;
}
void Book::display()
{
   cout << "存书情况: " << endl << "bookname:" << bookname << endl
   << "price:" << price << endl << "number:" << number << endl;
}
void main()
{
   char flag, ch;
   Book computer;
   computer.setBook( "C++程序设计基础" , 32, 1000 );
   computer.display();
   ch = 'y';
   while ( ch == 'y' )
   {
     cout << "请输入借阅或归还标志(b/r): ";
     cin >> flag;
     switch ( flag )
     {
       case 'b':  computer.borrow(); break;
       case 'r':  computer.restore();
     }
   cout << "是否继续?(y/n)";
```

```
        cin >> ch;
    }
    computer.display();
}
```

第　6　章

1.

(1) friend　(2) 成员函数　数据成员　(3) int * p= new int[10]　delete [] p

(4) 友元成员函数　友元类　(5) 共享

2.

静态局部变量的生存期是全程的,作用域是局部的。程序开始执行时就分配和初始化存储空间(默认初始化值为 0)。定义静态局部变量的函数退出时,系统保持其存储空间和数值。下次调用这个函数时,static 变量还是上次退出函数时的值,直至整个程序运行结束,系统才收回存储空间。

3.

```cpp
#include <iostream.h>
class student
{
  public:
    void scoretotalcount( double s )
    {
     score = s;
     total = total + score;
     count++;
    }
    static double sum()
    {
      return total;
    }
    static double average()
    {
      return total / count;
    }
  private:
    double  score;
    static double total;
    static double count;
};
double student::total = 0;
double student::count = 0;
int main()
{
    int i,n; double s;
cout << "请输入学生人数: ";
cin >> n;
student  stu;
```

```
   for( i = 1; i <= n; i++)
      {
         cout << "请输入第" << i << "个学生的分数: ";
         cin >> s;
         stu.scoretotalcount( s );
      }
 cout << "总分: " << student::sum() << endl;
 cout << "平均分: " << student::average() << endl;
}
```

第　7　章

1. CDAB　　CBDC
2.
```
# include < iostream.h >
class rectangle
{
 public:
  rectangle( double l,double w )
   {
     length = l;
     width = w;
   }
 double area()
  {
   return( length * width );
  }
double getlength()
{
  return length;
}
double getwidth()
{
  return width;
}
private:
  double length;
  double width;
};
class rectangular:public rectangle
{
 public:
    rectangular( double l,double w,double h ) : rectangle( l,w )
    {
      height = h;
    }
    double getheight()
    {
     return height;
```

```
        }
    double volume()
      {
        return area() * height;
      }
  private:
    double height;
};
void main()
{
    rectangle obj1( 2,8 );
    rectangular obj2( 3,4,5 );
    cout <<"length = "<< obj1.getlength()<<'\t'<<"width = "<< obj1.getwidth()<< endl;
    cout <<"rectanglearea = "<< obj1.area()<< endl;
    cout <<"length = "<< obj2.getlength()<<'\t'<<"width = "<< obj2.getwidth();
    cout <<'\t'<<"height = "<< obj2.getheight()<< endl;
    cout <<"rectangularvolume = "<< obj2.volume()<< endl;
}
```

第 8 章

1. BDBAC AADBA

2.

（1）多态是指具有不同功能的函数可以用同一个函数名,这样就可以用同一个函数名调用不同内容的函数。

多态分为静态多态和动态多态,静态多态是通过函数的重载实现的,动态多态是通过虚函数实现的。

（2）赋予操作符新的意义,即把已经定义的、有一定功能的操作符进行重新定义,来完成更为细致具体的运算等功能。操作符重载可以将概括性的抽象操作符具体化,便于外部调用而无须知晓内部具体运算过程。

3.

（1）结果为：

```
( obj1 * obj2 ):  a = 5       b = 10      c = 15
( obj2 * obj3 ):  a = 25      b = 50      c = 75
```

（2）结果为：

```
v1 = ( 1, 2 )
v2 = ( 3, 4 )
v3 = v1 + v2 = ( 4, 6 )
```

第 9 章

1.

（1）在 Visual C++ 中,流类库是一个程序包,作用是实现对象之间的数据交互。"cin 是键盘,cout 是显示器"的说法不正确。cin 和 cout 分别是 istream 和 ostream 的预定义对象,默认连接标准设备键盘、显示器,解释从键盘接收的信息,传送到内存；把内存的信息解释传送到显示器。所以称为标准流对象。程序可以对 cin、cout 重定向,连接到用户指定的设备,例如指定的磁盘文件。

(2) 任何一个应用程序运行,都要利用内存储器存放数据。这些数据在程序运行结束之后就会消失。为了永久地保存大量数据,计算机用外存储器(如磁盘和磁带)保存数据。各种计算机应用系统通常把一些相关信息组织起来保存在外存储器中,并用一个名字(称为文件名)加以标识,称为文件。

C++读/写文件需要用到文件流对象。文件操作的三个主要步骤是:打开文件、读/写文件、关闭文件流。

打开文件包括建立文件流对象,与外部文件关联,指定文件的打开方式。

读/写文件是按文件信息规格、数据形式与内存交互数据的过程。

关闭文件包括把缓冲区数据完整地写入文件,添加文件结束标识符,切断流对象和外部文件的连接。

2.

```
# include < iostream. h >
# include < fstream >
void main()
{
  char filename[20];
  fstream outfile;
  cout << "Please input the name of file :\n";
  cin >> filename ;
  outfile.open( filename, ios::out );
  if ( !outfile )
   {
     cerr << "File could not be open." << endl;
     abort();
   }
  outfile << "This is a file of students\n";
  outfile << "Input the number, name, and score. \n";
  outfile << "Enter Ctrl - Z to end input? ";
  outfile.close();
}
```

第 10 章

1.

(1) 一个应用不一定要设计异常处理程序。异常处理以结构化思想把异常检测与异常处理分离,增加了程序的可读性,便于大型软件的开发。

(2) C++异常处理通过三个关键字实现:throw、try 和 catch。被调用函数按指定条件检测到异常条件的存在,用 throw 一个数值,称为抛出一个异常。这个函数仅仅做了throw,而不去处理错误。在上层调用函数中使用 try 语句检测函数调用是否引发异常,被检测到的各种异常由 catch 语句捕获并做相应的处理。catch 只是根据异常参数的类型(不管具体数值)处理异常。

2.

```
# include < iostream. h >
# include < cmath. h >
double f( double x,double y );
void main()
{
    double x,y;
    try
     {
        cout << "输入 x 和 y 的值: ";
        cin >> x >> y;
        cout << f( x,y ) << endl;
     }catch( char * )
      {
         cout << "负数不能求对数!" << endl;
      }
}
double f( double x,double y )
{
    if( 2 * x - y < 0 )
      throw  "error";
    else
      return log( 2 * x - y );
}
```

参 考 文 献

[1] 钱能. C++程序设计教程. 北京：清华大学出版社,2012.
[2] 朱林. C++程序设计精讲与实训. 武汉：华中科技大学出版社,2016.
[3] 吴艳. C++程序设计案例教程. 武汉：华中科技大学出版社,2014.
[4] 章烨. C++技术详解. 北京：北京希望电子出版社,1992.
[5] 张福祥. C++面向对象程序设计基础. 北京：高等教育出版社,2005.
[6] 邓振杰. C++程序设计. 北京：人民邮电出版社,2008.
[7] 许华,等. C++程序设计项目教程. 北京：北京邮电大学出版社,2012.
[8] 罗建军,等. C++程序设计教程. 北京：高等教育出版社,2007.

图书资源支持

感谢您一直以来对清华版图书的支持和爱护。为了配合本书的使用，本书提供配套的资源，有需求的读者请扫描下方的"书圈"微信公众号二维码，在图书专区下载，也可以拨打电话或发送电子邮件咨询。

如果您在使用本书的过程中遇到了什么问题，或者有相关图书出版计划，也请您发邮件告诉我们，以便我们更好地为您服务。

我们的联系方式：

地　　址：北京市海淀区双清路学研大厦 A 座 701

邮　　编：100084

电　　话：010－62770175－4608

资源下载：http://www.tup.com.cn

客服邮箱：tupjsj@vip.163.com

QQ：2301891038（请写明您的单位和姓名）

用微信扫一扫右边的二维码，即可关注清华大学出版社公众号"书圈"。

资源下载、样书申请

书 圈

扫一扫，获取最新目录